高手运镜

手机短视频
拍摄镜头大全

龙飞　编著

U0240874

电子工业出版社
Publishing House of Electronics Industry
北京·BEIJING

内 容 简 介

全书共 14 章，主要介绍开场镜头、推镜头、拉镜头、移镜头、摇镜头、跟镜头、跟摇镜头、升镜头、降镜头、低角度镜头、环绕运镜、特殊运镜、组合运镜、结束镜头的拍摄技巧，以及使用剪映进行后期剪辑的实战案例。

本书适合广大视频拍摄者、后期剪辑师、运镜爱好者及短视频自媒体创作者等人员阅读，也可作为运镜拍摄和后期剪辑相关专业的教材或教辅使用。

图书在版编目（CIP）数据

高手运镜：手机短视频拍摄镜头大全 / 龙飞编著 . —北京：电子工业出版社，2023.4

ISBN 978-7-121-45161-4

Ⅰ . ①高… Ⅱ . ①龙… Ⅲ . ①移动电话机－摄影技术 ②视频编辑软件 Ⅳ . ① J41 ② TN929.53 ③ TN94

中国国家版本馆 CIP 数据核字（2023）第 036169 号

责任编辑：陈晓婕　　　　特约编辑：田学清
印　　刷：北京宝隆世纪印刷有限公司
装　　订：北京宝隆世纪印刷有限公司
出版发行：电子工业出版社
　　　　　北京市海淀区万寿路 173 信箱　　　　邮编：100036
开　　本：720×1000　　1/16　　印张：14　　　　字数：313.6 千字
版　　次：2023 年 4 月第 1 版
印　　次：2024 年 8 月第 4 次印刷
定　　价：89.90 元

凡所购买电子工业出版社图书有缺损问题，请向购买书店调换。若书店售缺，请与本社发行部联系，联系及邮购电话：（010）88254888，88258888。

质量投诉请发邮件至 zlts@phei.com.cn，盗版侵权举报请发邮件至 dbqq@phei.com.cn。

本书咨询联系方式：（010）88254161 ～ 88254167 转 1897。

前　言

PREFACE

　　一书在手，读者完全可以精通短视频脚本设计、运镜拍摄和后期剪辑的技巧，成为短视频创作达人。92 个实用镜头和剪辑核心技巧，可帮助读者掌握运镜拍摄和后期剪辑的难点与痛点，轻松掌握运镜拍摄和后期剪辑的操作步骤。

　　本书合理安排知识点，运用简练、流畅的语言，结合丰富、实用的实例，由浅入深地对运镜拍摄和后期剪辑进行了全面、系统的案例讲解，让读者在最短的时间内掌握运镜拍摄和后期剪辑技巧，迅速成为短视频创作达人。

　　本书结构安排如下。

　　（1）第 1～3 章：主要介绍前景揭示推镜、水平摇镜出场等开场镜头，前推、侧推等推镜头，过肩后拉、下摇后拉等拉镜头的拍摄技巧，以及分割和删除素材、对人像进行美颜 / 美体处理、为视频制作文字标题等剪映剪辑技巧。

　　（2）第 4～7 章：主要介绍后拉下移、倒退移动等移镜头，全景摇摄、垂直摇摄等摇镜头，正面跟随、侧面跟随等跟镜头，环绕＋跟摇、转角靠近＋跟摇等跟摇镜头的拍摄技巧，以及使用智能抠像功能更换背景、使用曲线变速功能制作转场、为视频添加夏日感贴纸、将现实人脸变成漫画脸等剪映剪辑技巧。

　　（3）第 8～10 章：主要介绍上升镜头、上升俯视运镜等升镜头，下降镜头、下降跟随等降镜头，低角度前推、低角度后跟等低角度镜头的拍摄技巧，以及识别并制作视频的字幕、制作卡拉 OK 歌词字幕、使用画中画功能添加特效等剪映剪辑技巧。

（4）第 11 ～ 14 章：主要介绍半环绕、近景环绕等环绕运镜、盗梦空间、无缝转场等特殊运镜、跟镜头＋斜角后拉、旋转回正＋过肩后拉等组合运镜、下降式斜线后拉、固定镜头连接摇摄等结束镜头的拍摄技巧，以及使用定格功能定格画面、运用文字模板制作字幕、用不透明度制作转场、添加片头/片尾素材等剪映剪辑技巧。

特别提示：本书在编写时基于当前各软件截取实际操作图片，但书籍从编辑到出版需要一段时间，在这段时间里，软件界面与功能会有调整与变化，请在阅读时根据书中的思路，举一反三进行学习。

本书由龙飞编著，由于作者知识水平所限，书中难免有不足和疏漏之处，恳请广大读者批评、指正。

读 者 服 务

扫一扫关注"有艺"

读者在阅读本书的过程中如果遇到问题，可以关注 "有艺"公众号，通过公众号与我们取得联系。此外，通过关注"有艺"公众号，您还可以获取更多的新书资讯、书单推荐、优惠活动等相关信息。

资源下载方法：关注"有艺"公众号，在"有艺学堂"的"资源下载"中获取下载链接，如果遇到无法下载的情况，可以通过以下三种方式与我们取得联系。

1. 关注"有艺"公众号，通过"读者反馈"功能提交相关信息；

2. 请发邮件至art@phei.com.cn，邮件标题命名方式：资源下载+书名；

3. 读者服务热线：（010）88254161～88254167转1897。

投稿、团购合作：请发邮件至art@phei.com.cn。

目　录

第1章

开场镜头：拉开视频画面帷幕

🔍 **本章要点**

　　开场镜头是视频中必不可少的一部分，除了能够交代人物和人物所处的环境，还有着定基调的作用。比如，欢快的视频，开场镜头一般由人物的笑声或者在欢快的场景中拍摄展开；悲伤的视频，开场镜头会用气氛悲沉的长镜头慢慢展开；各类 Vlog 视频，一般会剪辑视频中最精彩的片段作为开场镜头，当然这属于后期剪辑的范畴。本章将为大家介绍几种简单又实用的开场镜头。

1.1 脚本设计

在拍摄具体的开场镜头之前，我们可以先制作脚本，这样在实际的拍摄过程中，就能根据目标和框架进行具体的拍摄工作，从而达到胸有成竹、一气呵成的效果。表 1-1 所示为本章的开场镜头脚本汇总。

表 1-1 开场镜头脚本汇总

镜号	镜头	画面	设备	时长
开场镜头 1	前景揭示推镜	人物坐在草地上，镜头从前景向人物推近	手机＋稳定器	11s
开场镜头 2	水平摇镜出场	人物从远处朝着镜头走来，镜头从环境摇摄至人物	手机＋稳定器	11s
开场镜头 3	过肩下移＋后拉	人物看向远方，镜头越过人物肩部后慢慢下移并后拉，人物转身	手机＋稳定器	9s
开场镜头 4	推镜头＋跟镜头	人物前行，镜头从人物侧面推向人物，然后从背面跟随人物	手机＋稳定器	14s
开场镜头 5	背面跟拍＋摇摄＋正面跟拍	人物前行，镜头从拍摄人物背面，慢慢跟随摇摄至人物正面	手机＋稳定器	12s

1.2 运镜实战

做好前期的脚本设计工作后，就可以开始进行运镜实战工作了。在拍摄时，要提前规划并定好拍摄地点，准备好人物的服装和一些拍摄道具，也要注意天气预报，尽量选择在晴天拍摄，这样拍摄工作才能顺利一些，后期效果也能令人满意。

1.2.1 开场镜头 1：前景揭示推镜

【效果展示】前景揭示推镜是指镜头越过前景后前推，从而揭示画面中的主体。本次运镜拍摄主要以花为前景。前景揭示推镜画面如图 1-1 所示。

图 1-1　前景揭示推镜画面

【教学视频】教学视频画面如图 1-2 所示。

扫码看效果

扫码看视频

图 1-2　教学视频画面

3

下面对拍摄的脚本和分镜头进行解说。

步骤 **1** 人物坐在草地上，镜头低角度拍摄人物前方的花朵，如图 1-3 所示。

图 1-3　镜头低角度拍摄花朵

步骤 **2** 镜头从花丛中慢慢前推，画面中渐渐出现人物的边角，如图 1-4 所示。

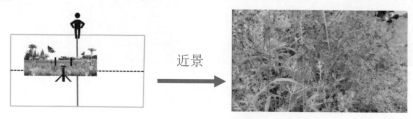

图 1-4　镜头前推拍摄

步骤 **3** 镜头低角度前推结束后，开始上摇，拍摄人物的整体，如图 1-5 所示。

图 1-5　镜头上摇拍摄人物

步骤 **4** 镜头继续微微上摇和前推，让人物出现在画面中心的位置，全方位地展现人物的神态和动作，如图 1-6 所示。

图 1-6　让人物出现在画面中心的位置

1.2.2　开场镜头 2：水平摇镜出场

【效果展示】水平摇镜出场是指镜头在水平面上摇摄，且在摇摄的过程中，人物出现在画面中，也就是揭示人物出场。水平摇镜出场画面如图 1-7 所示。

图 1-7　水平摇镜出场画面

【教学视频】教学视频画面如图 1-8 所示。

扫码看效果

扫码看视频

图 1-8　教学视频画面

下面对拍摄的脚本和分镜头进行解说。

步骤 1　人物在镜头的前方，镜头拍摄近处的环境，如植被、树木，如图 1-9 所示。

近景

图 1-9　镜头拍摄近处的环境

步骤 2　人物向镜头走来，镜头向左水平摇摄，人物进入画面，如图 1-10 所示。

全远景

图 1-10　镜头拍摄从远处进入画面的人物

步骤 3　人物继续前进，镜头继续向左水平摇摄，让人物位于画面中间，如图 1-11 所示。

全远景

图 1-11　镜头继续向左水平摇摄

步骤 4　在镜头摇摄快结束的时候，人物靠近画面，这时镜头画面以人物为主体，如图 1-12 所示。

中景

图 1-12　镜头画面以人物为主体

1.2.3　开场镜头 3：过肩下移＋后拉

【效果展示】"过肩下移＋后拉"是指镜头越过人物肩部后慢慢下移，且在下移的过程中后拉，展现人物与环境的关系。"过肩下移＋后拉"画面如图 1-13 所示。

图 1-13　"过肩下移＋后拉"画面

【教学视频】教学视频画面如图 1-14 所示。

扫码看效果

扫码看视频

图 1-14　教学视频画面

下面对拍摄的脚本和分镜头进行解说。

步骤 1 人物背对镜头，镜头从人物前方越过肩部到人物背面，如图 1-15 所示。

图 1-15　镜头越过人物肩部

步骤 2 人物不动，镜头慢慢下移并后拉，如图 1-16 所示。

图 1-16　镜头慢慢下移并后拉

步骤 3 人物转过身后，镜头继续下移并后拉，如图 1-17 所示。

图 1-17　镜头继续下移并后拉

步骤 4 镜头下移并后拉，离人物越来越远，画面中容纳的环境越来越多，人物也变小了，从而借此交代人物所处的环境，如图 1-18 所示。

图 1-18　镜头离人物越来越远

1.2.4　开场镜头 4：推镜头＋跟镜头

【效果展示】"推镜头＋跟镜头"中的推镜头主要从人物侧面推近，跟镜头则从背后跟随，两个镜头是顺畅连接在一起的。"推镜头＋跟镜头"画面如图 1-19 所示。

图 1-19　"推镜头＋跟镜头"画面

【教学视频】教学视频画面如图 1-20 所示。

扫码看效果

扫码看视频

图 1-20　教学视频画面

9

下面对拍摄的脚本和分镜头进行解说。

步骤 1 人物从画面右侧走进画面，镜头从人物侧面的远处往前推，如图 1-21 所示。

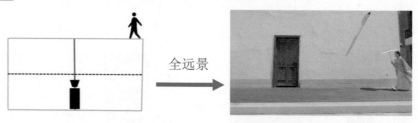

图 1-21　镜头从人物侧面的远处往前推

步骤 2 镜头推近至人物处于画面中间的位置，如图 1-22 所示。

图 1-22　镜头推近至人物处于画面中间的位置

步骤 3 人物继续向前行走，镜头开始摇摄跟随，如图 1-23 所示。

图 1-23　镜头开始摇摄跟随

步骤 4 镜头摇摄至人物背面，从背后跟随人物行走一段距离，画面连贯又全方位、多角度地交代了人物所处的环境，如图 1-24 所示。

图 1-24　镜头从人物背后跟随

1.2.5　开场镜头 5：背面跟拍＋摇摄＋正面跟拍

【效果展示】"背面跟拍＋摇摄＋正面跟拍"是指镜头从人物背面跟拍，慢慢摇摄至人物正面跟拍，记录人物出场。"背面跟拍＋摇摄＋正面跟拍"画面如图 1-25 所示。

图 1-25　"背面跟拍＋摇摄＋正面跟拍"画面

【教学视频】教学视频画面如图 1-26 所示。

扫码看效果

扫码看视频

图 1-26　教学视频画面

下面对拍摄的脚本和分镜头进行解说。

步骤 1 镜头拍摄人物半身背面，在人物前行的时候，跟拍人物背面，如图1-27所示。

中近景

图 1-27 镜头跟拍人物背面

步骤 2 在跟拍的过程中，镜头慢慢摇摄至人物侧面，如图 1-28 所示。

中近景

图 1-28 镜头摇摄至人物侧面

步骤 3 人物继续前行，镜头摇摄跟拍至人物正侧面，如图 1-29 所示。

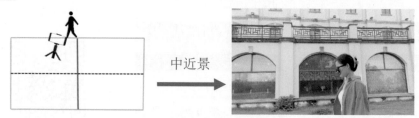

中近景

图 1-29 镜头摇摄跟拍至人物正侧面

步骤 4 镜头慢慢摇摄跟拍至人物正面，并跟随人物前行，记录人物背面与正面的状态，揭示人物出场的神态，如图 1-30 所示。

中近景

图 1-30 镜头摇摄跟拍至人物正面

1.3　后期实战：剪映剪辑

　　视频经过前期拍摄完成后处于一个视频草稿的状态，最终的成品视频需要经过后期剪辑过程，比如分割和删除素材，以及对素材进行调色等基础的后期剪辑操作。本书的所有后期剪辑操作都是使用剪映 App 这款视频剪辑软件完成的，下面通过讲解后期实战内容来提升大家的剪辑水平。

1.3.1　分割和删除素材

　　【效果展示】分割和删除素材是剪辑过程中最基础的步骤。通过分割和删除素材，用户可以留下想要的视频部分，删除多余的部分，效果如图 1-31 所示。

扫码看效果　　扫码看视频

图 1-31　效果展示

　　下面介绍在剪映 App 中分割和删除素材的具体操作方法。

步骤 1　在手机中打开剪映 App，进入剪映 App 首页，点击"开始创作"按钮，如图 1-32 所示。

步骤 2　进入"照片视频"界面，❶在"视频"选项卡中选择要处理的视频素材；❷点击"添加"按钮，如图 1-33 所示，添加素材。

步骤 3　进入视频编辑界面，❶拖曳时间轴至视频 9s 左右的位置；❷选择视频素材；❸点击"分割"按钮，如图 1-34 所示，分割素材。

步骤 4　❶选择分割后的第 1 段素材；❷点击"删除"按钮，如图 1-35 所示，删除多余的视频片段。

步骤 5　视频由 14s 被剪辑成了 5s，删除了前推镜头片段，留下了背后跟随片段，点击界面中间部分右侧的▓按钮，如图 1-36 所示。

步骤 6　进入视频播放界面，点击播放按钮▶，如图 1-37 所示。

图 1-32　点击"开始创作"按钮　　图 1-33　点击"添加"按钮

图 1-34　点击"分割"按钮

图 1-35　点击"删除"按钮　　图 1-36　点击相应的按钮（1）　　图 1-37　点击播放按钮

步骤 7 视频开始播放，用户可以浏览视频画面，点击 按钮，如图 1-38 所示。

步骤 8　回到视频编辑界面，点击界面右上角的"导出"按钮，如图 1-39 所示，
导出成品视频。

步骤 9　导出视频之后，点击"完成"按钮，如图 1-40 所示，就可以把视频保存
到相册和剪映 App 的草稿箱中。

图 1-38　点击相应的按钮（2）　　图 1-39　点击"导出"按钮　　图 1-40　点击"完成"按钮

1.3.2　对素材进行调色

【效果展示】在前期拍摄时，由于天气、光线和设备
等原因，拍摄出来的画面色彩可能并不好看，所以需要调
色，让画面更美观，效果对比如图 1-41 所示。

扫码看效果　　扫码看视频

图 1-41　效果对比

下面介绍在剪映 App 中对素材进行调色的具体操作方法。

步骤 1 　在剪映 App 中导入素材，❶选择视频素材；❷点击"滤镜"按钮，如图 1-42 所示。

步骤 2 　❶切换至"风景"选项区；❷选择"绿妍"滤镜；❸设置参数为 100，为视频添加滤镜，让画面色彩更艳丽，如图 1-43 所示。

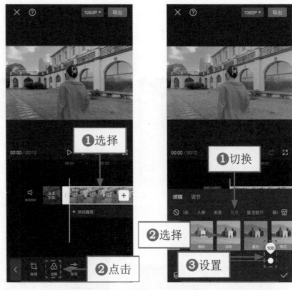

图 1-42　点击"滤镜"按钮　　图 1-43　为视频添加滤镜

步骤 3 　❶切换至"调节"选项卡；❷设置"亮度"参数为 8，提亮画面，如图 1-44 所示。

步骤 4 　设置"光感"参数为 6，继续增加画面曝光度，如图 1-45 所示。

步骤 5 　设置"饱和度"参数为 4，微微提高画面色彩饱和度，如图 1-46 所示。

图 1-44　设置"亮度"参数　　图 1-45　设置"光感"参数　　图 1-46　设置"饱和度"参数

第2章
推镜头：模拟人的视觉感官

本章要点

推镜头就好像我们的眼睛一样，一般都是从大范围的视野空间来搜索目标，找寻关键点，聚焦到个体的。当然，镜头不同于眼睛，因为镜头是可以360°运动的，所以推镜头运镜的形式也丰富多样，不过无论什么形式的推镜头，都会让镜头展现目标，并在靠近主体的过程中，烘托出相应的气氛。

2.1　脚本设计

拍摄推镜头也需要进行脚本设计。表 2-1 所示为本章的推镜头脚本汇总。

表 2-1　推镜头脚本汇总

镜　号	镜　头	画　面	设　备	时　长
推镜头 1	前推	人物不动，镜头从远处向前推近，拍摄人物近景	手机＋稳定器	6s
推镜头 2	侧推	人物前行，镜头从人物侧面推近，拍摄人物近景	手机＋稳定器	8s
推镜头 3	过肩推	人物看向前方，镜头越过人物肩部推向人物所看的地方	手机＋稳定器	5s
推镜头 4	横移推	人物在远处，镜头横移越过前景向前推近	手机＋稳定器	7s
推镜头 5	斜线推	人物不动，镜头从人物斜侧面前推	手机＋稳定器	6s
推镜头 6	下摇前推	镜头拍摄人物上方的风景，然后下摇前推拍摄人物	手机＋稳定器	9s

2.2　运镜实战

在拍摄推镜头时，适当选择简洁的背景，可以更好地突出画面中的人物。在拍摄时，最好放慢镜头前推的速度，这样才能拍摄出稳定的视频画面。

2.2.1　推镜头 1：前推

【效果展示】前推主要是指镜头向前推近，画面中的人物保持不动，在推近的过程中，画面由聚焦人物所处的环境到聚焦人物本身。前推画面如图 2-1 所示。

图 2-1　前推画面

【**教学视频**】教学视频画面如图 2-2 所示。

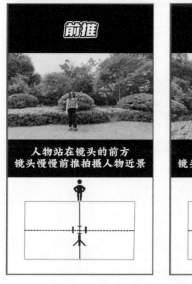

扫码看效果

扫码看视频

图 2-2　教学视频画面

下面对拍摄的脚本和分镜头进行解说。

步骤 1 人物站在镜头的前方，镜头从远处拍摄人物，如图 2-3 所示。

图 2-3　镜头从远处拍摄人物

步骤 2 在人物转身的时候，镜头慢慢前推，画面中的人物越来越大，如图 2-4 所示。

图 2-4　镜头前推拍摄

步骤 3 镜头继续前推，拍摄人物的上半身，展示人物的动作，如图 2-5 所示。

图 2-5　镜头继续前推

步骤 4 镜头继续前推，拍摄人物近景，表现画面中人物的神态，传递人物的表情和情绪，而不再注重展示人物所处的大范围环境，如图 2-6 所示。

图 2-6　镜头拍摄人物近景

2.2.2　推镜头 2：侧推

【效果展示】侧推主要是指镜头从人物侧面推近，展示人物侧面，并在推近时传递人物的情绪。侧推画面如图 2-7 所示。

图 2-7　侧推画面

【教学视频】教学视频画面如图 2-8 所示。

扫码看效果

扫码看视频

图 2-8　教学视频画面

下面对拍摄的脚本和分镜头进行解说。

步骤 **1** 人物从画面右侧走进画面，镜头从远处拍摄人物侧面，如图 2-9 所示。

图 2-9　镜头从远处拍摄人物侧面

步骤 **2** 人物走来时，镜头慢慢前推，如图 2-10 所示。

图 2-10　镜头慢慢前推

步骤 **3** 人物走到画面中间的时候停止，镜头继续前推，如图 2-11 所示。

图 2-11　人物在画面中间停止，镜头继续前推

步骤 **4** 镜头继续前推，由拍摄人物的动作到拍摄人物胸部以上的位置，展现人物的神态，传递人物的情绪，如图 2-12 所示。

图 2-12　镜头拍摄人物近景

2.2.3　推镜头 3：过肩推

【**效果展示**】过肩推主要是指镜头越过人物肩部后向前推近，在推近的过程中，画面中的主体由人物转向人物所看到的景象，具有层层递进感。过肩推画面如图 2-13 所示。

图 2-13　过肩推画面

【**教学视频**】教学视频画面如图 2-14 所示。

扫码看效果

扫码看视频

图 2-14　教学视频画面

下面对拍摄的脚本和分镜头进行解说。

步骤 1 人物背对镜头，面对树叶，镜头拍摄人物背面，如图 2-15 所示。

图 2-15　镜头拍摄人物背面

步骤 2 人物位置不动，镜头慢慢前推至人物肩部，如图 2-16 所示。

图 2-16　镜头前推至人物肩部

步骤 3 镜头慢慢越过人物肩部，如图 2-17 所示。

图 2-17　镜头越过人物肩部

步骤 4 镜头越过人物肩部之后，拍摄人物前方的树叶，展示人物所看到的景象和事物，由第三人称视角转换为第一人称视角，具有代入感，如图 2-18 所示。

图 2-18　镜头拍摄人物前方的树叶

2.2.4　推镜头 4：横移推

【效果展示】横移推主要是指镜头横移拍摄前景，并在横移之后前推拍摄人物，这种镜头在影视剧里非常常见。横移推画面如图 2-19 所示。

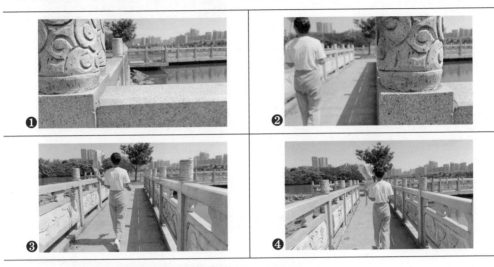

图 2-19　横移推画面

【教学视频】教学视频画面如图 2-20 所示。

扫码看效果

扫码看视频

图 2-20　教学视频画面

下面对拍摄的脚本和分镜头进行解说。

步骤 1 镜头拍摄人物右侧的围栏，如图 2-21 所示。

图 2-21 镜头拍摄人物右侧的围栏

步骤 2 镜头从右至左横移拍摄围栏，人物慢慢出现在画面中，如图 2-22 所示。

图 2-22 镜头从右至左横移拍摄围栏

步骤 3 人物前行，镜头前推拍摄人物，如图 2-23 所示。

图 2-23 镜头前推拍摄人物

步骤 4 人物继续前行，镜头继续前推拍摄人物，展示人物所处的环境以及人物的动作和活动范围，如图 2-24 所示。

图 2-24 镜头继续前推拍摄人物

2.2.5　推镜头 5：斜线推

【效果展示】斜线推主要是指镜头从人物的斜侧面前推，并在前推的过程中，从整体到局部地展现画面中的人物。斜线推画面如图 2-25 所示。

图 2-25　斜线推画面

【教学视频】教学视频画面如图 2-26 所示。

扫码看效果

扫码看视频

图 2-26　教学视频画面

下面对拍摄的脚本和分镜头进行解说。

步骤 1 人物手握荷花站着不动，镜头拍摄人物的斜侧面，如图 2-27 所示。

全景

图 2-27 镜头拍摄人物的斜侧面

步骤 2 镜头从斜侧面前推，拍摄人物膝盖以上的位置，如图 2-28 所示。

中景

图 2-28 镜头拍摄人物膝盖以上的位置

步骤 3 镜头继续从斜侧面前推，拍摄人物腰部以上的位置，如图 2-29 所示。

中近景

图 2-29 镜头拍摄人物腰部以上的位置

步骤 4 镜头继续从斜侧面前推，拍摄人物胸部以上的位置，展示人物手上拿的荷花，并给荷花一些小特写，这些局部细节可以增加视频的记忆点，如图 2-30 所示。

近景

图 2-30 镜头拍摄人物胸部以上的位置

2.2.6　推镜头 6：下摇前推

【效果展示】下摇前推是指镜头先拍摄人物上方的风景，然后下摇前推拍摄人物，由景转到人，让人物出场变自然、画面内容变丰富。下摇前推画面如图 2-31 所示。

图 2-31　下摇前推画面

【教学视频】教学视频画面如图 2-32 示。

扫码看效果

扫码看视频

图 2-32　教学视频画面

下面对拍摄的脚本和分镜头进行解说。

步骤 1 镜头拍摄人物上方的天空和远处的风景，如图 2-33 所示。

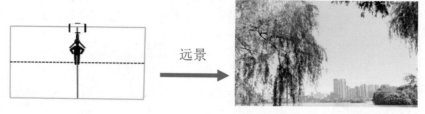

图 2-33 镜头拍摄天空和风景

步骤 2 人物背对镜头，镜头开始下摇，人物也慢慢入镜，如图 2-34 所示。

图 2-34 镜头开始下摇，人物入镜

步骤 3 人物转身面对镜头，镜头下摇至人物腰部以下的位置，如图 2-35 所示。

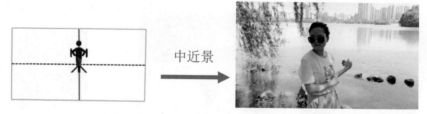

图 2-35 镜头下摇至人物腰部以下的位置

步骤 4 在人物转换姿势的同时，镜头慢慢前推，拍摄人物近景，让人物处于画面中间，如图 2-36 所示，后续也可以增加镜头前推的时长，突出人物近景。

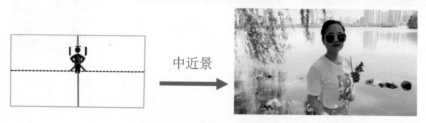

图 2-36 镜头拍摄人物近景

2.3 后期实战：剪映剪辑

本节主要向大家介绍：一、如何对人像进行美颜/美体处理，让视频中的人物变得更加漂亮；二、如何为视频添加曲库中的音乐，让视频音画和谐，更有吸引力。

2.3.1 对人像进行美颜/美体处理

【效果展示】在剪映 App 中，可以对视频中的人像进行美颜/美体处理，比如美白皮肤、瘦身和拉长腿部等操作，让人物变得更漂亮，效果如图 2-37 所示。

扫码看效果　扫码看视频

图 2-37　效果展示

下面介绍在剪映 App 中对人像进行美颜/美体处理的具体操作方法。

步骤 1　在剪映 App 中导入素材，❶选择视频素材；❷点击"美颜美体"按钮，如图 2-38 所示。

步骤 2　点击"智能美颜"按钮，如图 2-39 所示。

步骤 3　❶选择"磨皮"选项；❷设置参数为 50，让画面中人物的皮肤变光滑，如图 2-40 所示。

步骤 4　❶选择"美白"选项；❷设置参数为 100，让画面中人物的皮肤变白，如图 2-41 所示。

步骤 5　返回上一级界面，点击"智能美体"按钮，如图 2-42 所示。

步骤 6　❶选择"瘦身"选项；❷设置参数为 55，让画面中的人物变瘦一些，如图 2-43 所示。

步骤 7　❶选择"长腿"选项；❷设置参数为 25，微微拉长画面中人物的腿部，对其进行增高处理，如图 2-44 所示。

步骤 8 ❶选择"瘦腰"选项；❷设置参数为20，让画面中的人物变得苗条一些，如图 2-45 所示。

图 2-38　点击"美颜美体"按钮

图 2-39　点击"智能美颜"按钮

图 2-40　设置"磨皮"参数

图 2-41　设置"美白"参数

图 2-42　点击"智能美体"按钮

图 2-43　设置"瘦身"参数

图 2-44　设置"长腿"参数

图 2-45　设置"瘦腰"参数

2.3.2　为视频添加曲库中的音乐

【效果展示】剪映 App 自带音乐曲库，而且种类多样，数量繁多，还会自动更新，添加音乐的方式也很简单。添加音乐之后的画面效果如图 2-46 所示。

扫码看效果　　扫码看视频

图 2-46　添加音乐之后的画面效果

下面介绍在剪映 App 中为视频添加曲库中的音乐的具体操作方法。

步骤 1　在剪映 App 中导入素材，点击"音频"按钮，如图 2-47 所示。

步骤 2　点击"音乐"按钮，如图 2-48 所示。

步骤 3 进入"添加音乐"界面，选择"卡点"选项，如图 2-49 所示。

图 2-47　点击"音频"按钮　　图 2-48　点击"音乐"按钮　　图 2-49　选择"卡点"选项

步骤 4 点击所选音乐右侧的"使用"按钮，如图 2-50 所示，添加音乐。

步骤 5 在视频的末尾位置点击"分割"按钮，如图 2-51 所示，分割音频素材。

步骤 6 ❶选择第 2 段音频；❷点击"删除"按钮，如图 2-52 所示，删除音频。

图 2-50　点击"使用"按钮　　图 2-51　点击"分割"按钮　　图 2-52　点击"删除"按钮

3

第3章
拉镜头：产生宽广舒展之感

本章要点

如果说推镜头是往前走的，那么拉镜头就是往后退的，前者可以让镜头从整体聚焦于局部，后者则可以让镜头从局部放大到整体。拉镜头中的景别一般是由小变大的，在纵向空间上起着对比或反衬等作用。由于拉镜头的景别是连续变化的，所以画面空间非常连贯和完整，主体视点具有发散的效果，从而产生宽广舒展之感。

3.1 脚本设计

拍摄拉镜头也需要进行脚本设计。表 3-1 所示为本章的拉镜头脚本汇总。

表 3-1　拉镜头脚本汇总

镜　号	镜　头	画　面	设　备	时　长
拉镜头 1	过肩后拉	人物不动，镜头从人物前方过肩后拉至人物背面	手机＋稳定器	7s
拉镜头 2	下摇后拉	人物前行，镜头从拍摄天空下摇后拉至拍摄人物	手机＋稳定器	7s
拉镜头 3	上摇后拉	人物向镜头位置走来，镜头从拍摄地面上摇后拉至拍摄人物	手机＋稳定器	10s
拉镜头 4	斜线后拉	人物坐在健身器械上，镜头从人物斜侧面后拉	手机＋稳定器	5s
拉镜头 5	旋转后拉	人物前行，镜头在人物背面进行旋转后拉	手机＋稳定器	5s

3.2 运镜实战

由于拉镜头中的景别是慢慢放大的，所以最好选择简洁、构图有特点的背景，这样在镜头后拉的过程中，还能突出环境的美。在镜头后拉的过程中，拍摄者要尽量保持匀速运动，这样后拉的画面就能保持稳定和流畅。

再补充一点，在拍摄时最好选择开阔一些的环境，如地面平坦的地点。这是因为在镜头后拉的过程中，拍摄者是向后退的，看不到身后的环境，所以平坦的地面不仅有助于拍摄者拍出稳定的画面，还能保证拍摄者的安全。

3.2.1 拉镜头 1：过肩后拉

【效果展示】过肩后拉主要是指镜头越过人物肩部并后拉，在后拉的过程中展示人物所处的环境。过肩后拉画面如图 3-1 所示。

图 3-1　过肩后拉画面

【**教学视频**】教学视频画面如图 3-2 所示。

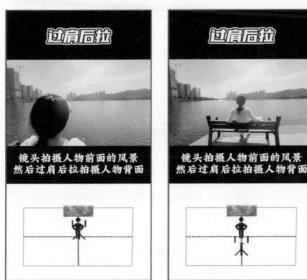

扫码看效果

扫码看视频

图 3-2　教学视频画面

下面对拍摄的脚本和分镜头进行解说。

步骤 1 人物坐在长凳上，面朝风景，镜头拍摄人物前方的风景，如图 3-3 所示。

大远景

图 3-3　镜头拍摄人物前方的风景

步骤 2 镜头开始后拉，慢慢越过人物肩部，如图 3-4 所示。

近景

图 3-4　镜头后拉，越过人物肩部

步骤 3 镜头越过人物肩部后继续后拉，展示人物背面，如图 3-5 所示。

全景

图 3-5　镜头继续后拉，展示人物背面

步骤 4 镜头继续后拉，展示人物所处的环境。人物变小了，画面中的环境变大了，从而实现场景之间的切换，如图 3-6 所示。

全远景

图 3-6　镜头继续后拉，展示环境

3.2.2　拉镜头 2：下摇后拉

【效果展示】下摇后拉是指镜头从上向下摇摄，在摇摄之后进行后拉，从展示上方的风景转换到展示下方的环境。下摇后拉画面如图 3-7 所示。

图 3-7　下摇后拉画面

【教学视频】教学视频画面如图 3-8 所示。

扫码看效果

扫码看视频

图 3-8　教学视频画面

下面对拍摄的脚本和分镜头进行解说。

步骤 1 人物处于左侧的画面外，镜头仰拍上方的风景，如图 3-9 所示。

图 3-9 镜头仰拍上方的风景

步骤 2 人物从左侧走进画面，镜头开始下摇并后拉，如图 3-10 所示。

图 3-10 镜头开始下摇并后拉

步骤 3 人物继续前行，镜头继续后拉，如图 3-11 所示。

图 3-11 人物前行，镜头继续后拉

步骤 4 人物越走越远，镜头也后拉至一定的距离。展示下方的环境，体现画面的纵深感，如图 3-12 所示。

图 3-12 镜头展示下方的环境

3.2.3 拉镜头 3：上摇后拉

【效果展示】上摇后拉主要是指镜头从地面开始上摇，并在上摇的过程中后拉，从下到上地展示人物及其所处的环境。上摇后拉画面如图 3-13 所示。

图 3-13 上摇后拉画面

【教学视频】教学视频画面如图 3-14 所示。

扫码看效果

扫码看视频

图 3-14 教学视频画面

41

下面对拍摄的脚本和分镜头进行解说。

步骤 1 人物面对镜头，在人物开始出发时，镜头俯拍人物的脚和地面，如图3-15所示。

图 3-15　镜头俯拍人物的脚和地面

步骤 2 人物前行，镜头开始上摇并后拉，如图3-16所示。

图 3-16　镜头开始上摇并后拉

步骤 3 人物继续前行，镜头上摇并后拉至拍摄人物全景，如图3-17所示。

图 3-17　镜头上摇并后拉至拍摄人物全景

步骤 4 镜头继续后拉，人物越来越小，环境内容越来越多，展示出环境的宽广，如图3-18所示。

图 3-18　镜头继续后拉

3.2.4　拉镜头 4：斜线后拉

【效果展示】斜线后拉主要是指镜头从画面的斜侧方后拉，这组运镜可以让画面中人物的身材看起来更加修长，具有运动美感。斜线后拉画面如图 3-19 所示。

图 3-19　斜线后拉画面

【教学视频】教学视频画面如图 3-20 所示。

扫码看效果

扫码看视频

图 3-20　教学视频画面

下面对拍摄的脚本和分镜头进行解说。

步骤 1 人物坐在健身器械上运动，镜头从人物斜侧面拍摄近景，如图 3-21 所示。

图 3-21　镜头从人物斜侧面拍摄近景

步骤 2 人物在健身的时候，镜头慢慢斜线后拉，如图 3-22 所示。

图 3-22　镜头慢慢斜线后拉

步骤 3 镜头斜线后拉至一定位置，展示人物的全身及全部的健身器械，如图 3-23 所示。

图 3-23　镜头斜线后拉至一定位置

步骤 4 镜头继续后拉，展示运动着的人物，让画面更加动感，并且多展示一些人物所处的环境，如图 3-24 所示。

图 3-24　镜头继续后拉，展示运动着的人物

3.2.5　拉镜头 5：旋转后拉

【效果展示】旋转后拉主要是指在稳定器的"旋转拍摄"模式下，长按方向键进行镜头的后拉运镜，让画面空间感十足。旋转后拉画面如图 3-25 所示。

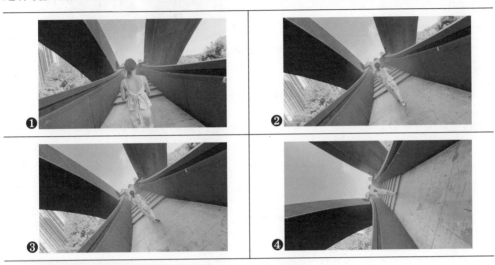

图 3-25　旋转后拉画面

【教学视频】教学视频画面如图 3-26 所示。

扫码看效果

扫码看视频

图 3-26　教学视频画面

下面对拍摄的脚本和分镜头进行解说。

步骤 1 人物背对镜头，镜头拍摄人物的上半身，如图 3-27 所示。

图 3-27 镜头拍摄人物的上半身

步骤 2 人物前行，拍摄者长按方向键进行后退拍摄，如图 3-28 所示。

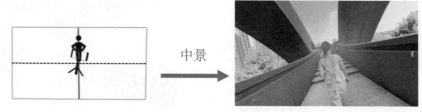

图 3-28 拍摄者长按方向键进行后退拍摄

步骤 3 拍摄者继续长按同一个方向键进行后退拍摄，如图 3-29 所示。

图 3-29 拍摄者继续长按同一个方向键进行后退拍摄

步骤 4 人物前行到一定的距离，镜头旋转了 90°以上并后退到一定的距离，展示出环境的纵深感和空间感，如图 3-30 所示。

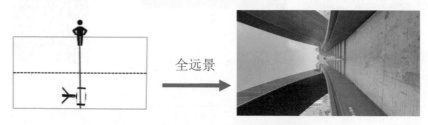

图 3-30 镜头旋转并后退到一定的距离

3.3　后期实战：剪映剪辑

　　本节主要向大家介绍如何为视频制作文字标题和添加炫酷特效，让视频更加丰富和有趣。

3.3.1　为视频制作文字标题

　　【效果展示】为视频制作文字标题，可以概括视频内容，帮助观众快速理解视频内容，从而增加视频的点击率。制作文字标题的前后效果对比如图 3-31 所示。

扫码看效果　　扫码看视频

图 3-31　效果对比

　　下面介绍在剪映 App 中为视频制作文字标题的具体操作方法。

步骤 1　在剪映 App 中导入素材，❶拖曳时间轴至视频 2s 左右的位置；❷点击"文字"按钮，如图 3-32 所示。

步骤 2　在弹出的工具栏中点击"新建文本"按钮，如图 3-33 所示。

步骤 3　❶输入文字内容；❷在"字体"选项卡中为文字选择合适的字体样式，如图 3-34 所示。

步骤 4　❶切换至"样式"选项卡；❷选择白底蓝框样式；❸设置"字号"参数为 25，放大文字，如图 3-35 所示。

步骤 5　❶展开"排列"选项区；❷设置"字间距"参数为 2，让文字之间不那么紧凑，如图 3-36 所示。

步骤 6　❶切换至"动画"选项卡；❷选择"弹入"入场动画；❸设置动画时长为 1.0s，让文字在出场时动起来，如图 3-37 所示。

步骤 7　调整文字的时长，使其与视频的时长对齐，如图 3-38 所示。

图 3-32　点击"文字"按钮

图 3-33　点击"新建文本"按钮

图 3-34　选择字体样式

图 3-35　设置"字号"参数

图 3-36　设置"字间距"参数

图 3-37　设置动画时长　　　　图 3-38　调整文字的时长

3.3.2　为视频添加炫酷特效

【效果展示】为视频添加炫酷特效，可以增加视频画面的动感和冲击力，让视频更加丰富和有趣，从而增加视频播放率，效果如图 3-39 所示。

扫码看效果　扫码看视频

图 3-39　效果展示

下面介绍在剪映 App 中为视频添加炫酷特效的具体操作方法。

步骤 1　在剪映 App 中导入素材，点击"特效"按钮，如图 3-40 所示。

步骤 2　在弹出的工具栏中点击"画面特效"按钮，如图 3-41 所示。

图 3-40　点击"特效"按钮　　图 3-41　点击"画面特效"按钮（1）

步骤 3　❶切换至"动感"选项卡；❷选择"心跳"特效，如图 3-42 所示。

步骤 4　在"心跳"特效的末尾位置点击"画面特效"按钮，如图 3-43 所示。

步骤 5　❶切换至"暗黑"选项卡；❷选择"羽毛"特效，如图 3-44 所示。

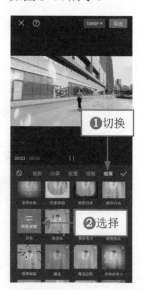

图 3-42　选择"心跳"特效　图 3-43　点击"画面特效"按钮（2）　图 3-44　选择"羽毛"特效

4

第 4 章

移镜头：使画面产生流动感

本章要点

移镜头通常从静态到动态，从动态到静态，或者用来转移场景，这样的镜头比一般的常规镜头快一些，更能推动视频画面的节奏。移镜头一般用于大场面、大纵深、多景物、多层次等复杂空间，表现画面的完整性和连贯性，其流动感能让观众产生身临其境的感受。

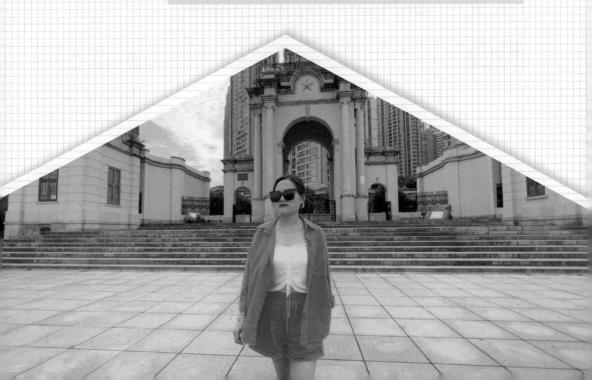

4.1 脚本设计

拍摄移镜头也需要进行脚本设计。表 4-1 所示为本章的移镜头脚本汇总。

表 4-1 移镜头脚本汇总

镜 号	镜 头	画 面	设 备	时 长
移镜头 1	后拉下移	镜头拍摄人物正面，在人物前行的时候，镜头后拉并下移	手机＋稳定器	12s
移镜头 2	倒退移动	镜头拍摄人物正面，在镜头倒退的时候，人物渐渐走出画面，镜头继续倒退移动	手机＋稳定器	14s
移镜头 3	上移跟随＋摇摄	在人物前行的时候，镜头从人物背面跟随上移，在上移的时候摇摄至人物正侧面	手机＋稳定器	13s
移镜头 4	上移对冲＋后拉	人物向镜头走来，镜头低角度上移对冲拍摄人物，与人物相遇之后，摇摄至人物背面并后拉	手机＋稳定器	11s
移镜头 5	连续移动镜头＋直角跟摇	在人物前行的时候，连续移动镜头拍摄人物侧面，在人物进行直角转弯的时候，镜头跟摇拍摄人物，并由拍摄人物侧面转换为拍摄人物正面	手机＋稳定器	16s

4.2 运镜实战

在拍摄移镜头时，需要保持画面的稳定性和流畅度，这样才能拍摄出匀速的移镜头。在拍摄人物的时候，镜头尽量保持远一点的距离，减少近景和特写拍摄，这样镜头下的人像可以更加靓丽。

4.2.1 移镜头 1：后拉下移

【效果展示】后拉下移主要是指镜头在后拉的过程中逐渐下移，画面中心由人物的上半身转移到人物的全身和地面。后拉下移画面如图 4-1 所示。

图 4-1　后拉下移画面

【教学视频】教学视频画面如图 4-2 所示。

扫码看效果

扫码看视频

图 4-2　教学视频画面

下面对拍摄的脚本和分镜头进行解说。

步骤 1 人物面对镜头，镜头拍摄人物的上半身，如图 4-3 所示。

中近景

图 4-3 镜头拍摄人物的上半身

步骤 2 镜头开始后拉，人物慢慢前行，如图 4-4 所示。

中近景

图 4-4 镜头开始后拉

步骤 3 镜头在后拉的过程中逐渐下移，拍摄人物中景，如图 4-5 所示。

中景

图 4-5 镜头在后拉的过程中逐渐下移

步骤 4 镜头继续后拉并下移，画面中人物脚下的地面越来越多，展示出人物所处的环境，如图 4-6 所示。

全景

图 4-6 镜头继续后拉并下移

4.2.2　移镜头 2：倒退移动

【效果展示】倒退移动是指镜头在倒退中连续移动，并且在镜头后移的过程中，画面中的主体由人物转换为环境。倒退移动画面如图 4-7 所示。

图 4-7　倒退移动画面

【教学视频】教学视频画面如图 4-8 所示。

扫码看效果

扫码看视频

图 4-8　教学视频画面

下面对拍摄的脚本和分镜头进行解说。

步骤 1 人物向镜头方向走来，镜头处于倒退的状态，如图 4-9 所示。

图 4-9 镜头拍摄前方的人物

步骤 2 人物离镜头越来越近，镜头继续倒退，如图 4-10 所示。

图 4-10 镜头倒退拍摄前行的人物

步骤 3 由于人物前行的速度大于镜头倒退的速度，因此人物快要走出画面，如图 4-11 所示。

图 4-11 人物快要走出画面

步骤 4 人物走出画面，镜头继续倒退，展示镜头前方的环境，如图 4-12 所示。

图 4-12 人物走出画面，镜头继续倒退

4.2.3　移镜头 3：上移跟随＋摇摄

【效果展示】"上移跟随＋摇摄"主要是指镜头在跟随的过程中上移，并在上移之后进行摇摄，由拍摄人物背面转换为拍摄人物正侧面。"上移跟随＋摇摄"画面如图 4-13 所示。

图 4-13　"上移跟随＋摇摄"画面

【教学视频】教学视频画面如图 4-14 所示。

扫码看效果

扫码看视频

图 4-14　教学视频画面

下面对拍摄的脚本和分镜头进行解说。

步骤 1 人物前行，镜头低角度拍摄人物背面，如图 4-15 所示。

图 4-15 镜头低角度拍摄人物背面

步骤 2 在跟随人物前行的过程中，镜头上移拍摄人物，如图 4-16 所示。

图 4-16 镜头上移拍摄人物

步骤 3 人物继续前行，镜头上移拍摄人物上半身并开始摇摄，如图 4-17 所示。

图 4-17 镜头上移拍摄人物上半身并开始摇摄

步骤 4 镜头继续跟随和摇摄，拍摄人物正侧面，展示人物的另一面，如图 4-18 所示。

图 4-18 镜头拍摄人物正侧面

4.2.4　移镜头 4：上移对冲＋后拉

【效果展示】"上移对冲＋后拉"主要是指镜头低角度拍摄人物正面，并上移对冲拍摄人物，与人物相遇后，摇摄至人物背面并后拉。"上移对冲＋后拉"画面如图 4-19 所示。

图 4-19　"上移对冲＋后拉"画面

【教学视频】教学视频画面如图 4-20 所示。

扫码看效果

扫码看视频

图 4-20　教学视频画面

下面对拍摄的脚本和分镜头进行解说。

步骤 1 镜头低角度拍摄从远处走来的人物，如图 4-21 所示。

图 4-21 镜头低角度拍摄从远处走来的人物

步骤 2 人物走来时，镜头上移对冲拍摄人物，如图 4-22 所示。

图 4-22 镜头上移对冲拍摄人物

步骤 3 镜头与人物相遇后，摇摄至人物背面，如图 4-23 所示。

图 4-23 镜头摇摄至人物背面

步骤 4 镜头后拉一段距离，展示人物背面的场景，也就是转换为人物所处的环境，如图 4-24 所示。

图 4-24 镜头后拉一段距离

4.2.5　移镜头 5：连续移动镜头＋直角跟摇

【效果展示】"连续移动镜头＋直角跟摇"是指镜头连续移动跟随人物，在直角跟摇时，由拍摄人物侧面转换为拍摄人物正面。"连续移动镜头＋直角跟摇"画面如图 4-25 所示。

图 4-25　"连续移动镜头＋直角跟摇"画面

【教学视频】教学视频画面如图 4-26 所示。

扫码看效果

扫码看视频

图 4-26　教学视频画面

下面对拍摄的脚本和分镜头进行解说。

步骤 1 镜头拍摄人物侧面，并跟随人物，如图 4-27 所示。

图 4-27　镜头拍摄人物侧面

步骤 2 在人物进行直角转弯的时候，镜头移动跟摇拍摄人物，如图 4-28 所示。

图 4-28　镜头移动跟摇拍摄人物

步骤 4 镜头移动跟摇至人物正侧面，如图 4-29 所示。

图 4-29　镜头移动跟摇至人物正侧面

步骤 4 人物继续前行，镜头继续移动跟摇至人物正面，展示人物所处的环境，如图 4-30 所示。

图 4-30　镜头继续移动跟摇至人物正面

4.3 后期实战：剪映剪辑

本节主要向大家介绍：一、如何使用智能抠像功能更换背景，让人物任意处于不同的环境中；二、如何为视频添加入场动画的效果，让视频中的人物出场变得酷炫起来。

4.3.1 使用智能抠像功能更换背景

【效果展示】使用智能抠像功能可以把视频中的人像抠出来，只需更改视频背景，就可以实现人物"不出门走天下"的效果，如图 4-31 所示。

扫码看效果　　扫码看视频

图 4-31　效果展示

下面介绍在剪映 App 中使用智能抠像功能更换背景的具体操作方法。

步骤 1　在剪映 App 中导入背景素材，依次点击"画中画"按钮和"新增画中画"按钮，如图 4-32 所示。

步骤 2　❶进入"照片视频"界面，在"视频"选项卡中添加人像视频素材；❷调整人像视频的画面大小，使其覆盖背景素材；❸调整背景素材的时长，使其对齐人像视频的时长，如图 4-33 所示。

步骤 3　❶选择画中画轨道中的人像视频素材；❷点击"智能抠像"按钮，抠出人像，如图 4-34 所示。

步骤 4　❶选择视频轨道中的背景素材；❷在视频起始位置点击◇按钮，添加关键帧，如图 4-35 所示。

步骤 5　❶拖曳时间轴至视频末尾位置；❷调整背景素材的画面大小，微微放大素材，并向下拖曳，这样就可以实现背景放大的效果，并且在视频轨道上自动添加关键帧，如图 4-36 所示。

图 4-32　点击"新增画中画"按钮

图 4-33　调整背景素材的时长

图 4-34　点击"智能抠像"按钮

图 4-35　添加关键帧

图 4-36　调整背景素材的画面大小

4.3.2　为视频添加入场动画的效果

【效果展示】在人物出场的时候，为视频添加入场动画的效果，可以增加视频动感，让人物出场的方式变得趣味十足，效果如图 4-37 所示。

扫码看效果　扫码看视频

图 4-37　效果展示

下面介绍在剪映 App 中为视频添加入场动画的效果的具体操作方法。

步骤 1　在剪映 App 中导入第 1 段素材，设置时长为 0.5s，如图 4-38 所示。

步骤 2　点击⊞按钮，在"视频"选项卡中添加第 2 段素材，在第 2 段素材的起始位置点击"定格"按钮，如图 4-39 所示。

步骤 3　定格画面之后，点击"切画中画"按钮，如图 4-40 所示。

图 4-38　设置时长为 0.5s　　图 4-39　点击"定格"按钮　　图 4-40　点击"切画中画"按钮

步骤 4　把定格素材切换至画中画轨道中，设置时长为 0.6s，如图 4-41 所示。

步骤 5 依次点击"动画"按钮和"入场动画"按钮，如图 4-42 所示。

步骤 6 ❶选择"向左下甩入"动画；❷设置动画时长为 0.6s，如图 4-43 所示。

图 4-41 设置时长为 0.6s　　图 4-42 点击"入场动画"按钮　　图 4-43 设置动画时长

步骤 7 点击"智能抠像"按钮，抠出人像，如图 4-44 所示。

步骤 8 在第 2 段素材的起始位置点击"画面特效"按钮，如图 4-45 所示。

步骤 9 ❶切换至"氛围"选项卡；❷选择"星火Ⅱ"特效，如图 4-46 所示。

图 4-44 点击"智能抠像"按钮　　图 4-45 点击"画面特效"按钮　　图 4-46 选择"星火Ⅱ"特效

第 5 章

摇镜头：身临其境般的体验

本章要点

　　本章将介绍摇镜头，摇镜头与移镜头的画面效果有些相似，但在运镜方法上是有区别的。移镜头要求拍摄者和镜头一起移动；摇镜头则比较固定，一般拍摄者不用大幅度地移动位置，只需上下左右摇动镜头，调整镜头的角度即可。总之，摇镜头下的画面就如同人眼看到的画面一般，让人产生身临其境的视觉感。

5.1　脚本设计

拍摄摇镜头也需要进行脚本设计。表 5-1 所示为本章的摇镜头脚本汇总。

表 5-1　摇镜头脚本汇总

镜　号	镜　头	画　面	设　备	时　长
摇镜头 1	全景摇摄	拍摄者固定位置，镜头从左至右摇摄风景	手机＋稳定器	12s
摇镜头 2	垂直摇摄	拍摄者固定位置，镜头从上至下摇摄建筑	手机＋稳定器	6s
摇镜头 3	上摇运镜	拍摄者固定位置，镜头从下至上摇摄风景	手机＋稳定器	6s
摇镜头 4	弧形前推摇摄	人物从远处向着镜头走来，镜头前推与人物相遇后，摇摄至人物背面并后拉一段距离，镜头的运动轨迹呈弧形	手机＋稳定器	9s
摇镜头 5	平行剪辑＋摇摄	第 1 段视频：人物从右至左走过，镜头固定位置，摇摄人物，让人物始终处于画面中心的位置 第 2 段视频：拿手机的人物从右至左走过，镜头固定位置，摇摄人物，让人物与第 1 段视频中人物所处的位置一样	手机＋稳定器	6s

5.2　运镜实战

在拍摄宽阔的环境时，可以开启广角模式，让画面容纳更多内容。在拍摄时，尽量让人物处于画面中心的位置，可以突出画面主体。

5.2.1　摇镜头 1：全景摇摄

【效果展示】全景摇摄主要是指镜头摇摄风景的全貌，因为单独的固定镜头并不能容纳所有的景色，所以需要摇摄，这样才能拍摄全景。全景摇摄画面如图 5-1 所示。

图 5-1　全景摇摄画面

【教学视频】教学视频画面如图 5-2 所示。

扫码看效果

扫码看视频

图 5-2　教学视频画面

69

下面对拍摄的脚本和分镜头进行解说。

步骤 1 拍摄者固定位置，镜头拍摄左侧的风景，如图 5-3 所示。

图 5-3　镜头拍摄左侧的风景

步骤 2 镜头慢慢向右摇摄，拍摄左前方的风景，如图 5-4 所示。

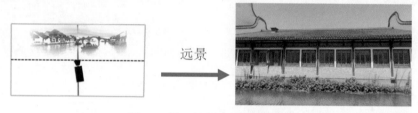

图 5-4　镜头拍摄左前方的风景

步骤 3 镜头继续向右摇摄，拍摄右前方的风景，如图 5-5 所示。

图 5-5　镜头拍摄右前方的风景

步骤 4 镜头向右摇摄到底，拍摄右侧的风景，如图 5-6 所示。这时所有的建筑景色都被拍摄入画了，也就完成了全景摇摄，展示出风景的全貌。

图 5-6　镜头拍摄右侧的风景

5.2.2　摇镜头 2：垂直摇摄

【效果展示】垂直摇摄主要是指镜头在垂直面上从上至下摇摄，拍摄高耸的楼房建筑。垂直摇摄画面如图 5-7 所示。

图 5-7　垂直摇摄画面

【教学视频】教学视频画面如图 5-8 所示。

扫码看效果

扫码看视频

图 5-8　教学视频画面

下面对拍摄的脚本和分镜头进行解说。

步骤 1 拍摄者固定位置，镜头仰拍建筑上方和天空，如图 5-9 所示。

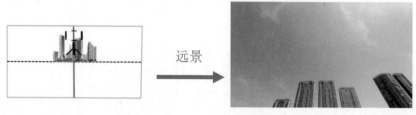

图 5-9 镜头仰拍建筑上方和天空

步骤 2 镜头慢慢向下摇摄，天空越来越少，建筑越来越多，如图 5-10 所示。

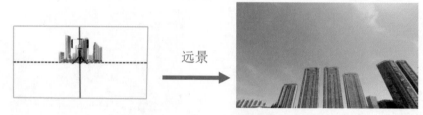

图 5-10 镜头慢慢向下摇摄

步骤 3 镜头继续向下摇摄，拍摄建筑的全局，如图 5-11 所示。

图 5-11 镜头拍摄建筑的全局

步骤 4 镜头向下摇摄至地面的位置，展示建筑周围的环境，让建筑画面更加立体和全面，如图 5-12 所示。

图 5-12 镜头向下摇摄至地面的位置

5.2.3　摇镜头 3：上摇运镜

【效果展示】上摇运镜主要是指镜头从下至上摇摄，由俯拍到平拍，如同人抬头向上看一般，视觉代入感十分强烈。上摇运镜画面如图 5-13 所示。

图 5-13　上摇运镜画面

【教学视频】教学视频画面如图 5-14 所示。

扫码看效果

扫码看视频

图 5-14　教学视频画面

下面对拍摄的脚本和分镜头进行解说。

步骤 1 拍摄者固定位置，镜头俯拍下方的湖水，如图 5-15 所示。

图 5-15　镜头俯拍下方的湖水

步骤 2 镜头慢慢向上摇摄，远方的建筑浮出湖面，如图 5-16 所示。

图 5-16　镜头慢慢向上摇摄

步骤 3 镜头继续向上摇摄，建筑越来越多，湖水画面越来越少，如图 5-17 所示。

图 5-17　镜头继续向上摇摄

步骤 4 镜头向上摇摄至远处的建筑和湖水各占将近一半的比例，画面呈现水平线构图，展现风景的秀丽，如图 5-18 所示。

图 5-18　镜头向上摇摄至构图最美的位置

5.2.4　摇镜头 4：弧形前推摇摄

【效果展示】弧形前推摇摄是指镜头前推和摇摄的运动轨迹呈弧形。使用这种运镜方式得到的画面动感十足。弧形前推摇摄画面如图 5-19 所示。

图 5-19　弧形前推摇摄画面

【教学视频】教学视频画面如图 5-20 所示。

扫码看效果

扫码看视频

图 5-20　教学视频画面

下面对拍摄的脚本和分镜头进行解说。

步骤 1 人物向着镜头走来，镜头前推拍摄人物，如图 5-21 所示。

图 5-21　镜头前推拍摄人物

步骤 2 镜头与人物相遇后，开始摇摄，如图 5-22 所示。

图 5-22　镜头开始摇摄

步骤 3 镜头摇摄至人物背面，如图 5-23 所示。

图 5-23　镜头摇摄至人物背面

步骤 4 镜头摇摄结束并后拉一段距离，镜头的运动轨迹呈弧形，自然、流畅地展示人物所处的环境，如图 5-24 所示。

图 5-24　镜头摇摄结束并后拉一段距离

5.2.5　摇镜头 5：平行剪辑＋摇摄

【效果展示】"平行剪辑＋摇摄"视频主要由两段在同一场景下拍摄的视频组成，阐述同一空间的同一摇摄手法，只是画面中的人物变化了，镜头主要展示拍摄者追拍人物的画面内容，与平行蒙太奇剪辑手法有些相似。"平行剪辑＋摇摄"画面如图 5-25 所示。

图 5-25　"平行剪辑＋摇摄"画面

【教学视频】教学视频画面如图 5-26 所示。

扫码看效果

扫码看视频

图 5-26　教学视频画面

下面对拍摄的脚本和分镜头进行解说。

步骤 1 镜头固定位置，向右拍摄前行的人物，如图 5-27 所示。

图 5-27　镜头向右拍摄前行的人物

步骤 2 镜头跟随人物的前行方向向左摇摄，使人物始终处于画面中心的位置，如图 5-28 所示。

图 5-28　镜头跟随人物的前行方向向左摇摄

步骤 3 镜头在同一位置，向右拍摄前行的拍摄者，如图 5-29 所示。

图 5-29　镜头向右拍摄前行的拍摄者

步骤 4 镜头跟随拍摄者的前行方向向左摇摄，使拍摄者也始终处于画面中心的位置，最终展示拍摄者跟拍人物的画面内容，如图 5-30 所示。

图 5-30　镜头跟随拍摄者的前行方向向左摇摄

5.3　后期实战：剪映剪辑

本节主要向大家介绍：一、如何使用曲线变速功能制作转场，让画面转场变得更加自然；二、如何使用色度抠图功能抠出老虎，并放置到合适的场景中。

5.3.1　使用曲线变速功能制作转场

【效果展示】使用曲线变速功能可以制作无缝转场的效果，使两段视频快速衔接，不过最好选择摇摄方向一致的两段视频素材，效果如图 5-31 所示。

扫码看效果　　扫码看视频

图 5-31　效果展示

下面介绍在剪映 App 中使用曲线变速功能制作转场的具体操作方法。

步骤 1　在剪映App中依次导入两段视频素材，❶选择第 1 段素材；❷点击"变速"按钮，如图 5-32 所示。

步骤 2　在弹出的工具栏中点击"曲线变速"按钮，如图 5-33 所示。

步骤 3　选择"自定"选项，并点击"点击编辑"按钮，如图 5-34 所示。

步骤 4　在"自定"面板中向上拖曳最后一个变速点，设置"速度"参数为 10.0×，加快末尾画面的播放速度，如图 5-35 所示。

步骤 5　返回上一级界面，选择第 2 段素材，点击"曲线变速"按钮，选择"自定"选项，并点击"点击编辑"按钮，如图 5-36 所示。

步骤 6　在"自定"面板中向上拖曳第一个变速点，设置"速度"参数为 10.0×，加快起始画面的播放速度，如图 5-37 所示。

步骤 7　设置转场之后，在视频起始位置依次点击"音频"按钮和"音乐"按钮，如图 5-38 所示。

步骤 8　❶在"添加音乐"界面中切换至"收藏"选项卡；❷点击所选音乐右侧的"使用"按钮，如图 5-39 所示，添加音乐。

步骤 9 ❶选择音频素材；❷在视频末尾位置点击"分割"按钮，分割音频；❸点击"删除"按钮，如图5-40所示，删除多余的素材。

图5-32 点击"变速"按钮　图5-33 点击"曲线变速"按钮　图5-34 点击"点击编辑"按钮（1）

   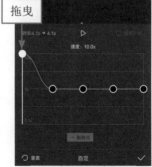

图5-35 向上拖曳变速点（1）　图5-36 点击"点击编辑"按钮（2）　图5-37 向上拖曳变速点（2）

图 5-38　点击"音乐"按钮　　图 5-39　点击"使用"按钮　　图 5-40　点击"删除"按钮

5.3.2　使用色度抠图功能抠出老虎

【效果展示】使用色度抠图功能抠出老虎的绿幕素材，并放置到合适的背景视频中，效果如图 5-41 所示。

扫码看效果　扫码看视频

图 5-41　效果展示

下面介绍在剪映 App 中使用色度抠图功能抠出老虎的具体操作方法。

步骤 1 导入视频素材，点击"画中画"按钮和"新增画中画"按钮，如图 5-42 所示。

步骤 2 添加老虎绿幕素材，并放大画面，使其处于合适的位置，如图 5-43 所示。

图 5-42 点击"新增画中画"按钮　　图 5-43 调整绿幕素材的位置

步骤 3 点击"色度抠图"按钮，使用"取色器"圆环取样绿色，如图 5-44 所示。

步骤 4 ❶选择"强度"选项；❷设置"强度"参数为 100，如图 5-45 所示。

步骤 5 ❶选择"阴影"选项；❷设置"阴影"参数为 100，抠出完整的老虎，如图 5-46 所示。

图 5-44 取样绿色　　图 5-45 设置"强度"参数为 100　　图 5-46 设置"阴影"参数为 100

6

第6章

跟镜头：创造出空间穿越感

🔘 **本章要点**

　　跟镜头是指拍摄者跟着被拍摄的主体一起移动的镜头。在拍摄时，镜头与被拍摄的主体一般保持一定的距离，并与其运动速度一致，可以从正面跟随，也可以从背面跟随，还可以从侧面跟随。在很多电影中，跟镜头是最常见的镜头，可以跟随人物移动，展示人物的活动范围，让观众产生强烈的空间穿越感。

6.1　脚本设计

拍摄跟镜头也需要进行脚本设计。表 6-1 所示为本章的跟镜头脚本汇总。

表 6-1　跟镜头脚本汇总

镜　号	镜　头	画　面	设　备	时　长
跟镜头 1	正面跟随	人物面对镜头，拍摄者从人物正面跟随前行	手机＋稳定器	9s
跟镜头 2	侧面跟随	人物前行，拍摄者从人物侧面跟随前行	手机＋稳定器	5s
跟镜头 3	背面跟随	人物背对镜头，拍摄者从人物背面跟随前行	手机＋稳定器	5s
跟镜头 4	特写跟随	人物抚摸着叶子前行，镜头拍摄人物的手，进行特写跟随	手机＋稳定器	5s
跟镜头 5	前景跟随	以围栏为前景，在人物前行的时候，镜头从人物侧面进行前景跟随	手机＋稳定器	6s

6.2　运镜实战

在拍摄跟镜头的时候，要注意地面环境，平坦的道路和封闭路段可以保障工作人员的安全；拍摄者需要保持与被拍者一样的运动速度和方向；尽量保持画面中的人物处于画面中心的位置。

在构图方面，尽量选择引导线构图比较明显的环境，这样可以让画面不再单调；视频中的人物也可以多做一些动作，让画面生动起来；镜头在移动的过程中，尽量保持景别一致，这样可以让画面整体性更强。

稳定器的模式可以选择"云台跟随"模式，这样能减少画面抖动。

6.2.1　跟镜头 1：正面跟随

【效果展示】正面跟随是指镜头拍摄人物正面，拍摄者从人物正面跟随前行，展示人物的动作和神态。正面跟随画面如图 6-1 所示。

图 6-1　正面跟随画面

【教学视频】教学视频画面如图 6-2 所示。

扫码看效果

扫码看视频

图 6-2　教学视频画面

下面对拍摄的脚本和分镜头进行解说。

步骤 1 镜头拍摄人物正面，人物准备前行，如图 6-3 所示。

全景

图 6-3 镜头拍摄人物正面

步骤 2 在人物前行的时候，镜头向后退，并拍摄人物正面，如图 6-4 所示。

全景

图 6-4 镜头向后退，并拍摄人物正面

步骤 3 人物继续前行，镜头继续后退，如图 6-5 所示。

全景

图 6-5 人物继续前行，镜头继续后退

步骤 4 人物前行了一段距离，镜头也正面跟随拍摄了一段距离，实时展现了人物的一切动态，如图 6-6 所示。

全景

图 6-6 镜头正面跟随拍摄了一段距离

6.2.2　跟镜头 2：侧面跟随

【**效果展示**】侧面跟随主要是指镜头拍摄人物侧面，拍摄者从人物侧面跟随前行，让人物不露出全脸，带有一些神秘感。侧面跟随画面如图 6-7 所示。

图 6-7　侧面跟随画面

【**教学视频**】教学视频画面如图 6-8 所示。

扫码看效果

扫码看视频

图 6-8　教学视频画面

下面对拍摄的脚本和分镜头进行解说。

步骤 1 人物从右侧开始准备前行，镜头拍摄人物侧面，如图 6-9 所示。

中景

图 6-9　镜头拍摄人物侧面

步骤 2 在人物前行的过程中，镜头从侧面跟随拍摄人物，如图 6-10 所示。

中景

图 6-10　镜头从侧面跟随拍摄人物

步骤 3 在人物前行结束的时候，镜头始终从侧面跟随拍摄人物，如图 6-11 所示。

中景

图 6-11　镜头始终从侧面跟随拍摄人物

6.2.3　跟镜头 3：背面跟随

【效果展示】背面跟随主要是指镜头拍摄人物背面，拍摄者从人物背面跟随前行，人物的脸是完全隐藏的，背景成为画面的另一个重点。背面跟随画面如图 6-12 所示。

图 6-12　背面跟随画面

【教学视频】 教学视频画面如图 6-13 所示。

扫码看效果

扫码看视频

图 6-13　教学视频画面

下面对拍摄的脚本和分镜头进行解说。

步骤 1 在人物前行的时候，镜头拍摄人物背面，如图 6-14 所示。

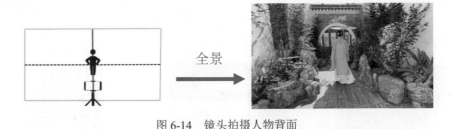

图 6-14　镜头拍摄人物背面

步骤 2 在人物前行的时候，镜头继续保持背面跟随拍摄，如图 6-15 所示。

图 6-15　镜头继续保持背面跟随拍摄

步骤 3 在人物准备落伞的时候，镜头背面跟随拍摄结束，如图 6-16 所示。

图 6-16　镜头背面跟随拍摄结束

6.2.4　跟镜头 4：特写跟随

【效果展示】特写跟随主要是指镜头跟随特写画面的运动而运动，并在跟随中展现特写的主体和周围的环境，表现人物的情绪。特写跟随画面如图 6-17 所示。

图 6-17　特写跟随画面

【教学视频】教学视频画面如图 6-18 所示。

扫码看效果

扫码看视频

图 6-18　教学视频画面

下面对拍摄的脚本和分镜头进行解说。

步骤 1　人物的手放在叶子上，镜头主要拍摄人物的手和叶子，如图 6-19 所示。

图 6-19　镜头主要拍摄人物的手和叶子

步骤 2　人物在前行的时候，手一直放在叶子上，镜头跟随拍摄，如图 6-20 所示。

图 6-20　镜头跟随拍摄

步骤 3　镜头跟随拍摄一段距离后结束运镜，表现人物慵懒的情绪，如图 6-21 所示。

图 6-21　镜头跟随拍摄一段距离后结束运镜

6.2.5　跟镜头 5：前景跟随

【效果展示】前景跟随是指人物在前景遮挡中前行，镜头进行侧面跟随。本次运镜中的前景是围栏，也可以选择花草树木作为前景。前景跟随画面如图 6-22 所示。

图 6-22　前景跟随画面

【教学视频】教学视频画面如图 6-23 所示。

扫码看效果

扫码看视频

图 6-23　教学视频画面

下面对拍摄的脚本和分镜头进行解说。

步骤 1 人物手扶围栏，镜头拍摄人物侧面，如图 6-24 所示。

图 6-24　镜头拍摄人物侧面

步骤 2 在人物手扶围栏前行的过程中，镜头进行侧面跟随拍摄，如图 6-25 所示。

图 6-25　镜头进行侧面跟随拍摄

步骤 3　人物前行一段距离，镜头跟随拍摄一段距离后结束运镜，如图 6-26 所示。

图 6-26　镜头跟随拍摄一段距离后结束运镜

6.3　后期实战：剪映剪辑

本节主要向大家介绍：一、如何为视频添加夏日感贴纸，丰富视频的内容；二、如何更改视频的比例和背景，改变视频的画布样式。

6.3.1　为视频添加夏日感贴纸

【效果展示】剪映 App 中有很多种类的贴纸，可以在夏日荷花视频中添加蜻蜓和文字贴纸，让视频更有夏日感，效果如图 6-27 所示。

扫码看效果　扫码看视频

图 6-27　效果展示

下面介绍在剪映 App 中为视频添加夏日感贴纸的具体操作方法。

步骤 1　在剪映 App 中导入素材，点击"贴纸"按钮，如图 6-28 所示。

步骤 2　在弹出的工具栏中点击"添加贴纸"按钮，如图 6-29 所示。

步骤 3　❶切换至"夏日"选项卡；❷选择"夏日物语"贴纸，如图 6-30 所示。

步骤 4　❶调整贴纸的轨道位置；❷调整贴纸的大小和位置，如图 6-31 所示。

步骤 5　返回上一级界面，在视频起始位置点击"添加贴纸"按钮，如图 6-32 所示。

步骤 6　❶切换至"自然元素"选项卡；❷选择蜻蜓贴纸，如图 6-33 所示。

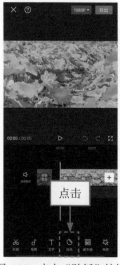

图 6-28　点击"贴纸"按钮

图 6-29　点击"添加贴纸"按钮（1）

图 6-30　选择"夏日物语"贴纸

图 6-31　调整贴纸的
　　　　大小和位置

图 6-32　点击"添加贴纸"
　　　　按钮（2）

图 6-33　选择蜻蜓贴纸

步骤 7 ❶调整蜻蜓贴纸的时长；❷点击"镜像"按钮，如图 6-34 所示。

步骤 8 ❶在贴纸的起始位置点击◇按钮，添加关键帧；❷调整蜻蜓贴纸的大小和位置，使其位于荷花上面，如图 6-35 所示。

步骤 9 每当拖曳时间轴至一定的位置时，就调整蜻蜓贴纸的位置，使蜻蜓贴纸一直位于荷花上面，如图 6-36 所示。

图 6-34　点击"镜像"按钮　图 6-35　调整蜻蜓贴纸的大小和位置　图 6-36　调整蜻蜓贴纸的位置

6.3.2　更改视频的比例和背景

【效果展示】通过更改视频的比例，用户可以将横屏视频变成竖屏视频，还可以将视频的背景更改为自己心仪的，让视频画面更加吸睛，效果如图 6-37 所示。

扫码看效果　扫码看视频

图 6-37　效果展示

下面介绍在剪映 App 中更改视频的比例和背景的具体操作方法。

步骤 1　在剪映 App 中导入素材，点击"比例"按钮，如图 6-38 所示。

步骤 2　选择"9∶16"选项，如图 6-39 所示，将横屏视频变为竖屏视频。

图 6-38　点击"比例"按钮　　图 6-39　选择"9∶16"选项

步骤 3　返回主界面，点击"背景"按钮，如图 6-40 所示。

步骤 4　在弹出的工具栏中点击"画布样式"按钮，如图 6-41 所示。

步骤 5　选择一款樱花背景画布样式，即可更改视频的背景，如图 6-42 所示。

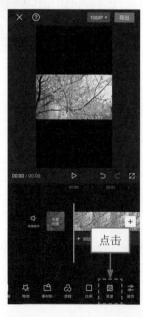  

图 6-40　点击"背景"按钮　　图 6-41　点击"画布样式"按钮　　图 6-42　选择画布样式

第 7 章
跟摇镜头：让画面连续又稳定

🔍 **本章要点**

　　跟摇镜头是指将跟镜头和摇镜头组合在一起的镜头。因此，跟摇镜头不仅有跟镜头的同步功能，还有摇镜头的空间转换功能，让镜头画面富有流动性的同时具有三维空间感。值得一提的是，无论镜头怎么组合，摇镜头和跟镜头始终占据主导地位，因此跟摇镜头对拍摄者的运镜水平有一定的要求。

7.1 脚本设计

拍摄跟摇镜头也需要进行脚本设计。表 7-1 所示为本章的跟摇镜头脚本汇总。

表 7-1　跟摇镜头脚本汇总

镜　号	镜　头	画　面	设　备	时　长
跟摇镜头 1	环绕＋跟摇	人物环绕着弧形小径行走，镜头全程跟摇拍摄人物	手机＋稳定器	20s
跟摇镜头 2	转角靠近＋跟摇	人物从远处走到转角位置，然后从转角位置转弯远离镜头，镜头在转角位置进行跟摇拍摄	手机＋稳定器	13s
跟摇镜头 3	直线运动＋跟摇	人物沿着直线行走，镜头跟摇拍摄人物，保持人物处于画面中心的位置	手机＋稳定器	9s
跟摇镜头 4	斜线远离＋跟摇	人物沿着斜线行走，从镜头附近走到远处，镜头跟摇拍摄人物	手机＋稳定器	11s

7.2 运镜实战

部分摇摄镜头摇摄的是静物，而跟摇镜头则跟随摇摄动态的主体，由于主体是处于运动状态的，所以要求镜头在拍摄的时候全程跟随，跟随主体的运动而运动，最简单的方法就是努力保持主体始终处于画面中心的位置。

由于主体的运动轨迹多种多样，如环绕弧形轨迹、转角轨迹、直线或斜线轨迹等，所以跟摇镜头的类型也就变得非常丰富了。当然，除了这些镜头，还有"转角远离＋跟摇"、"斜线靠近＋跟摇"及"人物环绕＋360°跟摇"等镜头，大家可以举一反三。

在拍摄跟摇镜头时，镜头一般是固定位置的，所以选择合适的位置进行拍摄是非常重要的。拍摄位置一般要选择能拍出相应镜头变化的位置，比如斜线的某一点位置、平行线上的位置、圆形或弧形的中心点位置。

7.2.1 跟摇镜头 1：环绕＋跟摇

【效果展示】"环绕＋跟摇"是指人物环绕着弧形小径行走，镜头全程跟摇拍摄人物。"环绕＋跟摇"画面如图 7-1 所示。

图 7-1　"环绕＋跟摇"画面

【**教学视频**】教学视频画面如图 7-2 所示。

图 7-2　教学视频画面

下面对拍摄的脚本和分镜头进行解说。

步骤 1 固定镜头拍摄站在弧形小径的人物，景别为全景，如图 7-3 所示。

图 7-3 固定镜头拍摄人物

步骤 2 人物环绕着小径行走，镜头跟摇拍摄人物，如图 7-4 所示。

图 7-4 镜头跟摇拍摄人物

步骤 3 人物持续环绕着小径行走，镜头持续跟摇拍摄人物，如图 7-5 所示。

图 7-5 镜头持续跟摇拍摄人物

步骤 4 人物走到弧形小径的另一端，镜头保持跟摇拍摄人物，并保持人物始终处于画面中心的位置，如图 7-6 所示。

图 7-6 镜头保持跟摇拍摄人物

7.2.2　跟摇镜头 2：转角靠近＋跟摇

【效果展示】"转角靠近＋跟摇"是指人物在转角的位置靠近镜头，然后镜头全程跟摇拍摄人物。"转角靠近＋跟摇"画面如图 7-7 所示。

图 7-7　"转角靠近＋跟摇"画面

【教学视频】教学视频画面如图 7-8 所示。

扫码看效果

扫码看视频

图 7-8　教学视频画面

下面对拍摄的脚本和分镜头进行解说。

步骤 1 人物从远处朝着固定镜头走来，如图 7-9 所示。

图 7-9 人物从远处朝着固定镜头走来

步骤 2 人物离镜头越来越近，镜头固定拍摄人物，如图 7-10 所示。

图 7-10 镜头固定拍摄人物

步骤 3 人物在转角的位置开始转弯，这时人物离镜头最近，镜头跟摇拍摄人物侧面，如图 7-11 所示。

图 7-11 镜头跟摇拍摄人物侧面

步骤 4 人物转弯后从另一侧远离镜头，镜头持续跟摇拍摄人物，如图 7-12 所示。

图 7-12 镜头持续跟摇拍摄人物

7.2.3　跟摇镜头 3：直线运动＋跟摇

【效果展示】"直线运动＋跟摇"是指人物进行直线运动，镜头在固定位置进行跟摇拍摄，并保持人物处于画面中心的位置。"直线运动＋跟摇"画面如图 7-13 所示。

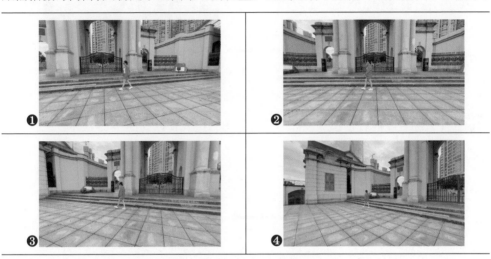

图 7-13　"直线运动＋跟摇"画面

【教学视频】教学视频画面如图 7-14 所示。

扫码看效果

扫码看视频

图 7-14　教学视频画面

下面对拍摄的脚本和分镜头进行解说。

步骤 1 镜头在人物平行线的位置拍摄右侧的人物，如图 7-15 所示。

图 7-15　镜头在人物平行线的位置拍摄右侧的人物

步骤 2 人物直线前行，镜头在固定位置跟摇拍摄人物，如图 7-16 所示。

图 7-16　镜头在固定位置跟摇拍摄人物

步骤 3 人物继续前行，镜头跟摇到左侧拍摄人物，如图 7-17 所示。

图 7-17　镜头跟摇到左侧拍摄人物

步骤 4 人物越走越远，镜头持续跟摇拍摄人物，让人物始终处于画面中心的位置，如图 7-18 所示。

图 7-18　镜头持续跟摇拍摄人物

7.2.4　跟摇镜头 4：斜线远离＋跟摇

【效果展示】"斜线远离＋跟摇"是指人物从镜头附近沿着斜线行走，并远离镜头，镜头则在固定位置全程跟摇拍摄人物。"斜线远离＋跟摇"画面如图 7-19 所示。

图 7-19　"斜线远离＋跟摇"画面

【教学视频】教学视频画面如图 7-20 所示。

扫码看效果

扫码看视频

图 7-20　教学视频画面

下面对拍摄的脚本和分镜头进行解说。

步骤 1 镜头拍摄人物的上半身侧面，如图 7-21 所示。

图 7-21　镜头拍摄人物的上半身侧面

步骤 2 人物沿着斜线向前行走，镜头跟摇拍摄人物，如图 7-22 所示。

图 7-22　镜头跟摇拍摄人物

步骤 3 人物继续沿斜线行走，镜头继续跟摇拍摄人物，如图 7-23 所示。

图 7-23　镜头继续跟摇拍摄人物

步骤 4 人物走到一定的距离，镜头继续在固定位置跟摇拍摄人物，保持人物处于画面中心的位置，达到人物斜线远离的效果，如图 7-24 所示。

图 7-24　人物斜线远离的效果

7.3　后期实战：剪映剪辑

本节主要向大家介绍：一、如何将现实人脸变成漫画脸，让视频更新颖；二、如何提取其他视频中的音乐，并将其用在现有的视频中。

7.3.1　将现实人脸变成漫画脸

【效果展示】"抖音玩法"功能中有非常多的玩法选项，这些玩法选项大多数可以用在照片素材中，可以将现实人脸变成漫画脸，效果对比如图 7-25 所示。

扫码看效果　　扫码看视频

图 7-25　效果对比

下面介绍在剪映 App 中将现实人脸变成漫画脸的具体操作方法。

步骤 1　在剪映 App 中导入两段一样的素材，❶选择第 2 段素材；❷点击"抖音玩法"按钮，如图 7-26 所示。

步骤 2　在"抖音玩法"面板中选择"日漫"选项，实现变脸，如图 7-27 所示。

步骤 3　在视频的起始位置点击"特效"按钮，如图 7-28 所示。

步骤 4　在弹出的工具栏中点击"画面特效"按钮，如图 7-29 所示。

步骤 5　❶切换至"基础"选项卡；❷选择"变清晰"特效，如图 7-30 所示。

步骤 6　调整第 1 段素材的时长，设置其时长为 1.5s，如图 7-31 所示。

图 7-26　点击"抖音玩法"按钮　图 7-27　选择"日漫"选项　图 7-28　点击"特效"按钮

图 7-29　点击"画面特效"按钮（1）图 7-30　选择"变清晰"特效　图 7-31　调整素材的时长

步骤 7 在第 1 段素材的末尾位置点击"画面特效"按钮，如图 7-32 所示。

步骤 8 ❶切换至"氛围"选项卡；❷选择"春日樱花"特效，如图 7-33 所示。

步骤 9　为视频添加合适的背景音乐，如图 7-34 所示。

图 7-32　点击"画面特效"按钮（2）图 7-33　选择"春日樱花"特效　图 7-34　添加背景音乐

7.3.2　提取其他视频中的音乐

【效果展示】使用"提取音乐"功能可以提取其他视频中的音乐，这样就能避免搜索音乐的烦恼，实现在本地文件中提取并添加音乐的效果，画面效果如图 7-35 所示。

扫码看效果　扫码看视频

图 7-35　画面效果展示

下面介绍在剪映 App 中提取其他视频中的音乐的具体操作方法。

步骤 1　在剪映 App 中导入视频素材，点击"音频"按钮，如图 7-36 所示。

步骤 2 在弹出的工具栏中点击"提取音乐"按钮，如图 7-37 所示。

图 7-36　点击"音频"按钮

图 7-37　点击"提取音乐"按钮

步骤 3 ❶在"照片视频"界面中选择要提取音乐的视频；❷点击"仅导入视频的声音"按钮，如图 7-38 所示。

步骤 4 提取音乐之后，生成一条音频轨道，调整音频素材的时长，使其对齐视频的时长，如图 7-39 所示。

图 7-38　点击"仅导入视频的声音"按钮

图 7-39　调整音频素材的时长

8

第 8 章

升镜头：能展示广阔的空间

🔍 **本章要点**

> 　　升镜头是指镜头从低角度或者平摄角度慢慢升起，最后可以进行俯视拍摄的一种镜头。升镜头一般可以展示广阔的空间，也可以从展示局部到展示整体。升镜头不仅具有连续性、动感等特点，在一些影视镜头中还可以用于描写环境，加强戏剧效果。另外，有些升镜头可能还具有讽刺意味。

8.1　脚本设计

拍摄升镜头也需要进行脚本设计。表 8-1 所示为本章的升镜头脚本汇总。

表 8-1　升镜头脚本汇总

镜　号	镜　头	画　面	设　备	时　长
升镜头 1	上升镜头	人物在上阶梯时，镜头在固定位置从低角度慢慢升起	手机＋稳定器	16s
升镜头 2	上升俯视运镜	人物坐着，镜头慢慢上升，在上升的过程中进行俯视拍摄	手机＋稳定器	15s
升镜头 3	背后跟随＋上升镜头	人物在上阶梯时，镜头从人物背面跟随，在跟随的过程中进行上升拍摄	手机＋稳定器	6s
升镜头 4	上升跟随＋后拉运镜	人物在上阶梯时，镜头从人物背面跟随并上升拍摄，在上升到一定角度后进行后拉拍摄	手机＋稳定器	13s

8.2　运镜实战

在拍摄升镜头时，需要选择有起伏、有坡度的环境，如坡地或阶梯，因为只有环境具有高度差，才能拍出升镜头。

如果没有上述环境，只能在平地上拍摄升镜头，那么拍摄者需要在最初的时候就降低拍摄角度，或者借助自拍杆、延长杆来提升镜头高度。如果实在没有任何辅助设备，就需要尽量把稳定器举高来进行升镜头拍摄。

在拍摄升镜头时，也需要保持匀速和平稳，这样拍摄出来的画面才能稳定和平衡。

8.2.1　升镜头 1：上升镜头

【效果展示】上升镜头是指镜头在固定位置从低角度慢慢升起，展示画面的空旷。上升镜头画面如图 8-1 所示。

图 8-1 上升镜头画面

【**教学视频**】教学视频画面如图 8-2 所示。

扫码看效果

扫码看视频

图 8-2 教学视频画面

下面对拍摄的脚本和分镜头进行解说。

步骤 1 人物背对镜头准备上阶梯，镜头低角度拍摄人物，如图 8-3 所示。

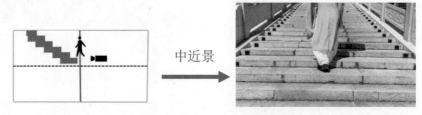

图 8-3 镜头低角度拍摄人物

步骤 2 人物上阶梯，镜头慢慢上升，如图 8-4 所示。

图 8-4 镜头慢慢上升

步骤 3 人物继续上阶梯，镜头继续上升，如图 8-5 所示。

图 8-5 镜头继续上升

步骤 4 人物登上阶梯最高处，镜头上升到一定的高度，人物变得越来越小，天空画面越来越多，画面留白也越来越多，展示环境的空旷，如图 8-6 所示。

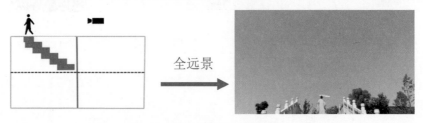

图 8-6 镜头上升到一定的高度

8.2.2　升镜头 2：上升俯视运镜

【效果展示】上升俯视运镜是指镜头在上升的过程中进行俯视拍摄，同时要求镜头全程都是俯视拍摄的角度。上升俯视运镜画面如图 8-7 所示。

图 8-7　上升俯视运镜画面

【教学视频】教学视频画面如图 8-8 所示。

扫码看效果

扫码看视频

图 8-8　教学视频画面

115

下面对拍摄的脚本和分镜头进行解说。

步骤 1 人物用手摸着花朵，镜头进行特写拍摄，如图 8-9 所示。

图 8-9　镜头进行特写拍摄

步骤 2 镜头慢慢上升，并在上升过程中保持俯视拍摄的角度，如图 8-10 所示。

图 8-10　镜头上升并保持俯视拍摄

步骤 3 镜头继续上升并俯视拍摄，这时俯视拍摄的人物变小了一些，如图 8-11 所示。

图 8-11　镜头继续上升并俯视拍摄

步骤 4 镜头继续上升并俯视拍摄，直到镜头上升到一定的高度和角度，人物都进入画面，同时周围的环境也进入画面，让人物显得更加娇小，让画面充满意境，如图 8-12 所示。

图 8-12　镜头上升到一定的高度和角度

8.2.3　升镜头 3：背后跟随＋上升镜头

【效果展示】"背后跟随＋上升镜头"是指镜头从人物背面跟随，在跟随的过程中进行上升拍摄，且拍摄角度由低角度变为平摄角度。"背后跟随＋上升镜头"画面如图 8-13 所示。

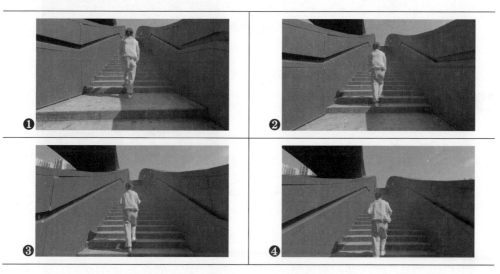

图 8-13　"背后跟随＋上升镜头"画面

【教学视频】教学视频画面如图 8-14 所示。

扫码看效果

扫码看视频

图 8-14　教学视频画面

下面对拍摄的脚本和分镜头进行解说。

步骤 **1** 人物上阶梯，镜头低角度拍摄人物背面，如图 8-15 所示。

中景

图 8-15　镜头低角度拍摄人物背面

步骤 **2** 镜头从人物背面跟随并微微上升拍摄，如图 8-16 所示。

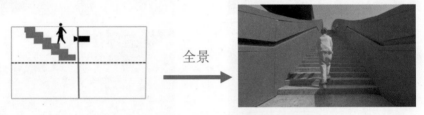

全景

图 8-16　镜头从人物背面跟随并微微上升拍摄

步骤 **3** 人物继续上阶梯，镜头继续跟随并上升拍摄，如图 8-17 所示。

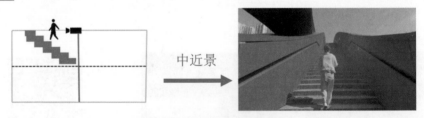

中近景

图 8-17　镜头继续跟随并上升拍摄

步骤 **4** 人物继续上阶梯，直到一定距离后，镜头由低角度上升到平摄角度，用另一个拍摄角度记录画面中的人物，如图 8-18 所示。

中景

图 8-18　镜头由低角度上升到平摄角度

8.2.4 升镜头 4：上升跟随＋后拉运镜

【效果展示】"上升跟随＋后拉运镜"是指镜头跟随并上升拍摄一段距离后，进行后拉拍摄，展示人物所处的环境。"上升跟随＋后拉运镜"画面如图 8-19 所示。

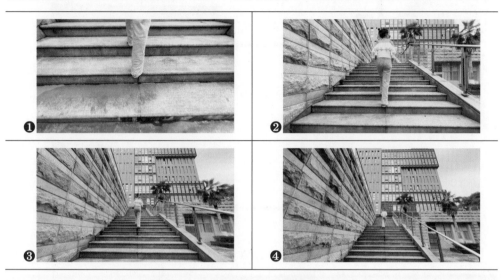

图 8-19 "上升跟随＋后拉运镜"画面

【教学视频】教学视频画面如图 8-20 所示。

扫码看效果

扫码看视频

图 8-20 教学视频画面

下面对拍摄的脚本和分镜头进行解说。

步骤 1 人物上阶梯，镜头低角度拍摄人物背面的脚部，如图 8-21 所示。

图 8-21　镜头低角度拍摄人物背面的脚部

步骤 2 镜头跟随人物慢慢上升，如图 8-22 所示。

图 8-22　镜头跟随人物慢慢上升

步骤 3 镜头慢慢上升到一定的距离，如图 8-23 所示。

图 8-23　镜头慢慢上升到一定的距离

步骤 4 人物继续上阶梯，镜头后拉并下降一段距离，展示人物所处的环境，人物变得越来越渺小，画面以人物周围的环境为主，如图 8-24 所示。

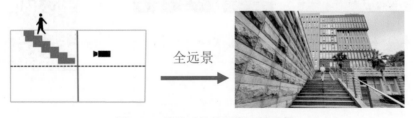

图 8-24　镜头后拉并下降一段距离

8.3　后期实战：剪映剪辑

本节主要向大家介绍：一、如何识别并制作视频的字幕，让声音自动生成字幕，并实现好看的文字效果；二、如何使用防抖功能稳定画面，让抖动的画面变稳定。

8.3.1　识别并制作视频的字幕

【效果展示】使用识别字幕功能可以将视频中的声音识别成字幕，并自动生成字幕，后期只需设置文字效果即可，效果如图 8-25 所示。

扫码看效果　　扫码看视频

图 8-25　效果展示

下面介绍在剪映 App 中识别并制作视频的字幕的具体操作方法。

步骤 1　在剪映 App 中导入视频素材，点击"文字"按钮，如图 8-26 所示。

步骤 2　在弹出的工具栏中点击"识别字幕"按钮，如图 8-27 所示。

步骤 3　在弹出的"识别字幕"面板中点击"开始匹配"按钮，如图 8-28 所示。

步骤 4　识别完成后，视频轨道下方生成 4 段文字，❶调整第 1 段文字的时长，使其对齐视频起始位置；❷选择第 2 段文字；❸点击"编辑"按钮，如图 8-29 所示。

步骤 5　把"见"字改为"槛"字，同理，❶把第 3 段文字中的"曲"字改为"群"字；❷选择合适的字体，如图 8-30 所示。

步骤 6　❶切换至"样式"选项卡；❷选择倒数第 4 个文字样式；❸设置"字号"参数为 10，放大文字，如图 8-31 所示。

步骤 7　❶展开"排列"选项区；❷选择第 4 个排列样式，把横排文字改为竖排文字；❸调整文字的位置；❹设置"字间距"参数为 2，增加文字间距，如图 8-32 所示。

步骤 8　❶切换至"动画"选项卡；❷选择"打字机 II"入场动画；❸设置动画时长为 1.8s，如图 8-33 所示。对剩余的 3 段文字也设置同样的动画效果。

图 8-26　点击"文字"按钮　　图 8-27　点击"识别字幕"按钮　　图 8-28　点击"开始匹配"按钮

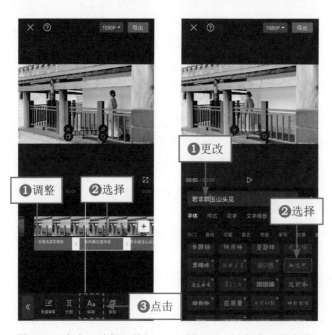

图 8-29　点击"编辑"按钮　　图 8-30　选择合适的字体　　图 8-31　设置"字号"参数

步骤 9 在视频起始位置依次点击"画中画"按钮和"新增画中画"按钮，如图 8-34 所示。

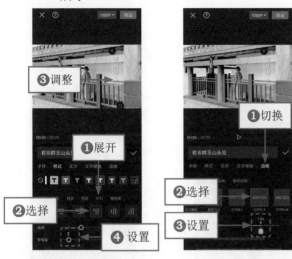 

图 8-32 设置"字间距"参数　　图 8-33 设置动画时长　　图 8-34 点击"新增画中画"按钮

步骤 10 切换至"素材库"界面，如图 8-35 所示。

步骤 11 ❶搜索"烟雾消散"素材；❷选择烟雾素材；❸点击"添加"按钮，如图 8-36 所示。

步骤 12 添加烟雾素材后，依次点击"变速"按钮和"常规变速"按钮，如图 8-37 所示。

 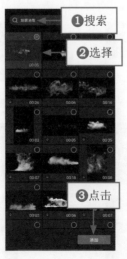 

图 8-35 切换至"素材库"选项卡　　图 8-36 点击"添加"按钮　　图 8-37 点击"常规变速"按钮

步骤 13　设置"变速"参数为 2.0×，加快烟雾消散的速度，如图 8-38 所示。

步骤 14　返回上一级界面，点击"音量"按钮，设置"音量"参数为 0，实现静音效果，如图 8-39 所示。

步骤 15　返回上一级界面，点击"混合模式"按钮，❶选择"滤色"选项，抠出烟雾；❷调整烟雾素材的大小、角度和位置，使其覆盖文字，制作烟雾文字的效果，如图 8-40 所示。

图 8-38　设置"变速"参数　　图 8-39　设置"音量"参数　　图 8-40　调整烟雾素材

步骤 16　返回上一级界面，点击"复制"按钮，如图 8-41 所示，复制烟雾素材。

步骤 17　对剩下的文字都复制烟雾素材，并调整其轨道位置，如图 8-42 所示。

图 8-41　点击"复制"按钮　　图 8-42　调整烟雾素材的轨道位置

8.3.2　使用防抖功能稳定画面

【效果展示】在拍摄视频时，拍摄者可能因为没握稳设备而导致画面轻微抖动，这时需要使用剪映 App 中的防抖功能来稳定画面，效果如图 8-43 所示。

扫码看效果　扫码看视频

图 8-43　效果展示

下面介绍在剪映 App 中使用防抖功能稳定画面的具体操作方法。

步骤 1　在剪映 App 中导入视频素材，如图 8-44 所示。

步骤 2　❶选择视频素材；❷点击"防抖"按钮，如图 8-45 所示。

步骤 3　拖曳滑块，设置防抖系数为"最稳定"，即可稳定画面，如图 8-46 所示。

图 8-44　导入视频素材　　图 8-45　点击"防抖"按钮　　图 8-46　设置防抖系数为"最稳定"

第9章

降镜头：收缩视野介绍环境

本章要点

降镜头与升镜头的运动方向相反，多用于大场面的拍摄，借此交代环境。降镜头主要用于交代纵向的变化，并产生高度感，所以镜头最开始的拍摄角度可能是俯视角度，在下降的过程中，会慢慢收缩视野，渲染气氛。在许多影视剧场景中，一般要使用专业的吊臂设备，才能进行大场景的下降拍摄。

9.1 脚本设计

拍摄降镜头也需要进行脚本设计。表 9-1 所示为本章的降镜头脚本汇总。

表 9-1 降镜头脚本汇总

镜 号	镜 头	画 面	设 备	时 长
降镜头 1	下降镜头	人物背对镜头，镜头从人物头部上方慢慢下降	手机＋稳定器	11s
降镜头 2	下降跟随	人物前行，镜头从人物头部上方下降并跟随人物前行	手机＋稳定器	5s
降镜头 3	下降特写前景	人物前行，镜头从人物背面慢慢下降，特写拍摄低处的树叶	手机＋稳定器	13s
降镜头 4	下降式上摇前推	人物不动，镜头从人物头部上方下降，然后过肩上摇前推	手机＋稳定器	5s
降镜头 5	下降镜头＋摇摄＋跟随	人物前行，镜头面对人物慢慢下降，下降到人物腰部左右的位置开始摇摄，摇摄至人物背面，并跟随人物前行	手机＋稳定器	12s

9.2 运镜实战

拍摄者在进行拍摄时，需要尽量压低重心，呼吸均匀，这样在拍摄降镜头时，就能匀速且平稳地拍出理想的画面。

在拍摄需要前景的画面时，可以尽量选择漂亮且有特色的风景作为前景，如果实在没有自然风景作为前景，也可以用一些书本或者小物品代替。

9.2.1 降镜头 1：下降镜头

【效果展示】下降镜头主要是指镜头从高处慢慢下降，并且在下降的时候，画面呈垂直纵向变化，由拍摄风景转换为拍摄人物。下降镜头画面如图 9-1 所示。

图 9-1　下降镜头画面

【教学视频】教学视频画面如图 9-2 所示。

图 9-2　教学视频画面

扫码看效果

扫码看视频

下面对拍摄的脚本和分镜头进行解说。

步骤 1 人物背对镜头，镜头拍摄人物上方的天空，如图 9-3 所示。

图 9-3　镜头拍摄人物上方的天空

步骤 2 人物位置不变，镜头慢慢下降，如图 9-4 所示。

图 9-4　镜头慢慢下降

步骤 3 镜头继续下降，拍摄人物腿部以上的位置，如图 9-5 所示。

图 9-5　镜头继续下降

步骤 4 镜头下降到人物小腿以上的位置，画面重点由天空转换为人物，展示人物眺望远方的场景，如图 9-6 所示。

图 9-6　镜头下降到人物小腿以上的位置

9.2.2　降镜头2：下降跟随

【效果展示】下降跟随是指镜头在下降的过程中持续移动，也就是跟随运镜，在下降的过程中跟随人物前行。下降跟随画面如图9-7所示。

图9-7　下降跟随画面

【教学视频】教学视频画面如图9-8所示。

扫码看效果

扫码看视频

图9-8　教学视频画面

下面对拍摄的脚本和分镜头进行解说。

步骤 1　镜头拍摄人物上方的天空，如图 9-9 所示。

图 9-9　镜头拍摄人物上方的天空

步骤 2　人物前行，镜头慢慢下降，拍摄人物背面，如图 9-10 所示。

图 9-10　镜头慢慢下降，拍摄人物背面

步骤 3　镜头继续下降并跟随人物前行，拍摄人物全身，如图 9-11 所示。

图 9-11　镜头继续下降并跟随人物前行

步骤 4　镜头持续下降并跟随人物前行，画面重点以人物为主，画面空间发生了纵向的变化，因为跟随运镜，画面空间也有些许横向的变化，如图 9-12 所示。

图 9-12　镜头持续下降并跟随人物前行

9.2.3 降镜头3：下降特写前景

【效果展示】下降特写前景是指镜头在下降的时候慢慢聚焦于前景，给前景画面特写，这也是影视剧里经常出现的一个镜头。下降特写前景画面如图9-13所示。

图9-13 下降特写前景画面

【教学视频】教学视频画面如图9-14所示。

扫码看效果

扫码看视频

图9-14 教学视频画面

下面对拍摄的脚本和分镜头进行解说。

步骤　1　人物背对镜头，镜头拍摄人物头部，如图 9-15 所示。

特写

图 9-15　镜头拍摄人物头部

步骤　2　人物前行，镜头慢慢下降，如图 9-16 所示。

中景

图 9-16　人物前行，镜头慢慢下降

步骤　3　人物渐渐走远，镜头下降到可以拍摄低处的环境的位置，如图 9-17 所示。

全景

图 9-17　镜头下降到可以拍摄低处的环境的位置

步骤　4　人物走出画面，镜头下降到可以拍摄低处的前景树叶的位置，并且给予树叶特写镜头，如图 9-18 所示。

特写

图 9-18　镜头下降到可以拍摄低处的前景树叶的位置

9.2.4　降镜头4：下降式上摇前推

【效果展示】下降式上摇前推主要是指镜头在下降后进行过肩上摇前推，画面变得动感十足，同时景别也变化巨大。下降式上摇前推画面如图 9-19 所示。

图 9-19　下降式上摇前推画面

【教学视频】教学视频画面如图 9-20 所示。

扫码看效果

扫码看视频

图 9-20　教学视频画面

下面对拍摄的脚本和分镜头进行解说。

步骤 1　人物不动，镜头拍摄人物上方的景色，如图 9-21 所示。

图 9-21　镜头拍摄人物上方的景色

步骤 2　镜头慢慢下降到人物腰部以上的位置，如图 9-22 所示。

图 9-22　镜头慢慢下降到相应的位置

步骤 3　镜头上摇前推到靠近人物右肩膀的位置，如图 9-23 所示。

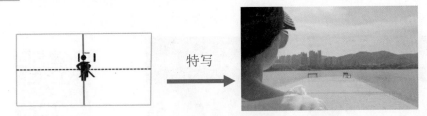

图 9-23　镜头上摇前推到相应的位置

步骤 4　镜头继续过肩上摇前推，在镜头越过人物肩膀后，景色也发生了改变，如图 9-24 所示。

图 9-24　镜头继续过肩上摇前推

9.2.5 降镜头5：下降镜头＋摇摄＋跟随

【效果展示】"下降镜头＋摇摄＋跟随"包含下降镜头、摇摄镜头及背面跟随镜头，可以全方位地展示人物与环境。"下降镜头＋摇摄＋跟随"画面如图9-25所示。

图9-25 "下降镜头＋摇摄＋跟随"画面

【教学视频】教学视频画面如图9-26所示。

扫码看效果

扫码看视频

图9-26 教学视频画面

下面对拍摄的脚本和分镜头进行解说。

步骤 1 在人物下阶梯时，镜头高角度平拍人物，如图 9-27 所示。

图 9-27 镜头高角度平拍人物

步骤 2 在人物前行时，镜头慢慢下降，如图 9-28 所示。

图 9-28 镜头慢慢下降

步骤 3 镜头下降到一定位置后，开始摇摄至人物侧面，如图 9-29 所示。

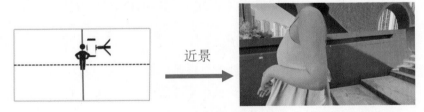

图 9-29 镜头摇摄至人物侧面

步骤 4 镜头摇摄至人物背面并跟随人物前行，展示人物前方的环境，如图 9-30 所示。

图 9-30 镜头摇摄至人物背面并跟随人物前行

9.3 后期实战：剪映剪辑

本节主要向大家介绍：一、如何制作卡拉 OK 歌词字幕，让视频像 KTV 中的 MV 一般；二、如何使用倒放功能倒放视频，让时光倒流。

9.3.1 制作卡拉 OK 歌词字幕

【效果展示】在剪映 App 中也能制作 KTV 版本的卡拉 OK 歌词字幕，方法非常简单，只需准备好有中文歌词的音乐视频即可，效果如图 9-31 所示。

扫码看效果　　扫码看视频

图 9-31　效果展示

下面介绍在剪映 App 中制作卡拉 OK 歌词字幕的具体操作方法。

步骤 1 在剪映 App 中导入视频素材，依次点击"文字"按钮和"识别歌词"按钮，如图 9-32 所示。

步骤 2 在弹出的面板中点击"开始匹配"按钮，如图 9-33 所示。

步骤 3 识别完成后，生成歌词字幕，调整 4 段歌词文字的轨道位置和时长，点击"批量编辑"按钮，如图 9-34 所示。

步骤 4 选择第 1 段歌词文字，并点击一次，如图 9-35 所示。

步骤 5 在"字体"选项卡中选择合适的字体，如图 9-36 所示。

步骤 6 ❶切换至"样式"选项卡；❷设置"字号"参数为 8，放大文字，如图 9-37 所示。

步骤 7 ❶切换至"动画"选项卡；❷选择"卡拉 OK"入场动画；❸选择蓝色色块；❹设置动画时长为 4.0s，如图 9-38 所示。对剩余的 3 段歌词文字也设置同样的动画，动画时长分别是最大值、2.0s 和最大值。

步骤 8 ❶切换至"字体"选项卡；❷取消选中"应用到所有歌词"单选按钮，如图 9-39 所示，方便后面分开调整文字的位置。

步骤 9 调整 4 段歌词文字的画面位置，如图 9-40 所示。

图 9-32 点击"识别歌词"按钮

图 9-33 点击"开始匹配"按钮

图 9-34 点击"批量编辑"按钮

图 9-35 点击第 1 段歌词文字

图 9-36 选择合适的字体

图 9-37 设置"字号"参数

139

图 9-38　设置动画时长

图 9-39　取消选中相应的
单选按钮

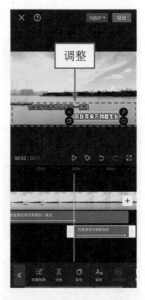

图 9-40　调整 4 段歌词文字的
画面位置

9.3.2　使用倒放功能倒放视频

【效果展示】使用倒放功能可以把视频倒放，把下降镜头的视频倒放成上升镜头的视频，从而实现时光倒流，效果如图 9-41 所示。

扫码看效果　扫码看视频

图 9-41　效果展示

下面介绍在剪映 App 中使用倒放功能倒放视频的具体操作方法。

步骤 1　在剪映 App 中导入视频素材，❶选择视频素材；❷点击"音频分离"按钮，如图 9-42 所示。

步骤　2　分离出音频素材之后，选择视频素材并点击"倒放"按钮，如图 9-43 所示。

图 9-42　点击"音频分离"按钮　　　图 9-43　点击"倒放"按钮

步骤　3　界面中弹出倒放进度提示框，如图 9-44 所示。

步骤　4　倒放完成后，可以看到画面中的起始画面变为末尾画面，从而实现了倒放
　　　　　视频的效果，如图 9-45 所示。

图 9-44　弹出倒放进度提示框　　　图 9-45　倒放视频的效果

第 10 章
低角度镜头：产生别样化学反应

🔍 **本章要点**

低角度镜头也叫"蚂蚁视角"镜头，一般是指从人物腰部以下位置拍摄的镜头，在电影中使用的频率非常高。大多数低角度镜头都采用广角模式取景，以展现广阔的远景环境或者低角度的画面特写，让人感受到压迫感和冲突感，具有极强的视觉冲击力。

10.1　脚本设计

拍摄低角度镜头也需要进行脚本设计。表 10-1 所示为本章的低角度镜头脚本汇总。

表 10-1　低角度镜头脚本汇总

镜　号	镜　头	画　面	设　备	时　长
低角度镜头 1	低角度前推	镜头低角度前推，穿越杂草拍摄娇艳的睡莲	手机＋稳定器	7s
低角度镜头 2	低角度后跟	人物前行，镜头低角度拍摄人物背面，并跟随人物	手机＋稳定器	6s
低角度镜头 3	低角度横移	人物前行，镜头从右至左低角度横移	手机＋稳定器	8s
低角度镜头 4	全景低角度后拉	人物前行，镜头低角度全景拍摄人物，并进行后拉	手机＋稳定器	7s

10.2　运镜实战

低角度镜头，可以让我们从不同的角度观察世界，获得新鲜感。低角度镜头并不一定要从下至上拍摄，也可以水平拍摄地面上的主体。

当然，拍摄低角度镜头需要注意构图，因为好的构图可以为视频加分，还能突出主体，展现人物的别样魅力。同时，开启广角模式，可以让画面内容更加丰富，得到独特和夸张的视觉效果。

在拍摄低角度镜头时，由于镜头的位置较低，因此需要注意保持画面水平，最好倒拿手机稳定器，这样比较省力。在镜头以低角度仰拍的时候，还需要注意曝光过度等问题，尽量让背景更加自然和清晰。

最后，还需要多加拍摄和练习，才能熟练地掌握拍摄低角度镜头的技巧。

10.2.1　低角度镜头 1：低角度前推

【效果展示】低角度前推是指镜头接近地面，低角度前推拍摄画面，展示别样的视角。低角度前推画面如图 10-1 所示。

图 10-1　低角度前推画面

【**教学视频**】教学视频画面如图 10-2 所示。

扫码看效果

扫码看视频

图 10-2　教学视频画面

下面对拍摄的脚本和分镜头进行解说。

步骤 **1** 拍摄者倒拿手机稳定器，镜头拍摄低处的杂草，如图 10-3 所示。

特写

图 10-3　镜头拍摄低处的杂草

步骤 **2** 镜头慢慢前推，画面露出睡莲的一角，如图 10-4 所示。

特写

图 10-4　镜头慢慢前推

步骤 **3** 镜头继续低角度前推，睡莲露出全部真容，如图 10-5 所示。

特写

图 10-5　镜头继续低角度前推

步骤 **4** 镜头慢慢前推至聚焦于睡莲的位置，让睡莲占据大部分画面，展示睡莲娇艳的美态，如图 10-6 所示。

特写

图 10-6　镜头慢慢前推至聚焦于睡莲的位置

10.2.2 低角度镜头 2：低角度后跟

【效果展示】低角度后跟主要是指镜头低角度拍摄人物背面，并在人物前行的时候跟随人物。低角度后跟画面如图 10-7 所示。

图 10-7　低角度后跟画面

【教学视频】教学视频画面如图 10-8 所示。

扫码看效果

扫码看视频

图 10-8　教学视频画面

下面对拍摄的脚本和分镜头进行解说。

步骤 1 拍摄者倒拿手机稳定器，镜头低角度拍摄人物背面，如图 10-9 所示。

图 10-9　镜头低角度拍摄人物背面

步骤 2 人物前行，镜头跟随拍摄人物，如图 10-10 所示。

图 10-10　镜头跟随拍摄人物

步骤 3 镜头继续低角度跟随拍摄人物，如图 10-11 所示。

图 10-11　镜头继续低角度跟随拍摄人物

步骤 4 镜头低角度跟随人物一段距离后结束拍摄，最终画面只露出人物下半身，看不到头和脸，这种低角度后跟镜头具有浓烈的神秘感，如图 10-12 所示。

图 10-12　镜头低角度跟随人物一段距离后结束拍摄

10.2.3　低角度镜头 3：低角度横移

【效果展示】低角度横移主要是指镜头低角度平拍人物，然后从右至左横移，画面不仅具有流动感，而且角度特别。低角度横移画面如图 10-13 所示。

图 10-13　低角度横移画面

【教学视频】教学视频画面如图 10-14 所示。

扫码看效果

扫码看视频

图 10-14　教学视频画面

下面对拍摄的脚本和分镜头进行解说。

步骤 1 在人物要前行的时候，拍摄者倒拿手机稳定器，镜头拍摄人物，如图10-15所示。

中景

图 10-15 镜头拍摄人物

步骤 2 人物前行，镜头从右至左低角度横移，如图 10-16 所示。

全景

图 10-16 镜头从右至左低角度横移

步骤 3 人物继续前行，镜头继续向左低角度横移，如图 10-17 所示。

全远景

图 10-17 镜头继续向左低角度横移

步骤 4 人物渐行渐远，镜头从人物右侧低角度横移到人物左侧，展现不一样的拍摄视角，如图 10-18 所示。

全远景

图 10-18 镜头从人物右侧低角度横移到人物左侧

10.2.4　低角度镜头4：全景低角度后拉

【效果展示】全景低角度后拉是指镜头低角度拍摄人物时，景别是全景，然后进行低角度后拉。全景低角度后拉画面如图10-19所示。

图10-19　全景低角度后拉画面

【教学视频】教学视频画面如图10-20所示。

扫码看效果

扫码看视频

图10-20　教学视频画面

下面对拍摄的脚本和分镜头进行解说。

步骤 1　人物前行，拍摄者倒拿手机稳定器，镜头从人物背面低角度拍摄人物全身，如图 10-21 所示。

图 10-21　镜头从人物背面低角度拍摄人物全身

步骤 2　人物继续前行，镜头低角度后拉，如图 10-22 所示。

图 10-22　镜头低角度后拉

步骤 3　镜头继续低角度后拉，人物离镜头越来越远，如图 10-23 所示。

图 10-23　镜头继续低角度后拉

步骤 4　镜头后拉到一定距离后结束拍摄，此时画面以环境为主，如图 10-24 所示。

图 10-24　镜头后拉到一定距离后结束拍摄

10.3 后期实战：剪映剪辑

本节主要向大家介绍：一、如何使用画中画功能添加特效，制作奇幻的视频效果；二、如何使用关键帧制作动画效果，让照片变成视频。

10.3.1 使用画中画功能添加特效

【效果展示】在剪映 App 中使用画中画功能添加环绕闪光特效，就能制作仙侠剧里人物出场的闪亮特效，效果如图 10-25 所示。

扫码看效果　　扫码看视频

图 10-25　效果展示

下面介绍在剪映 App 中使用画中画功能添加特效的具体操作方法。

步骤 1　在剪映 App 中导入视频素材，依次点击"画中画"按钮和"新增画中画"按钮，如图 10-26 所示。

步骤 2　在相册中添加特效素材，❶调整特效素材的画面大小，使其覆盖原来的画面；❷点击"混合模式"按钮，如图 10-27 所示。

步骤 3　在弹出的面板中选择"滤色"选项，如图 10-28 所示。

步骤 4　❶选择视频轨道中的素材；❷点击"复制"按钮，如图 10-29 所示。

步骤 5　复制素材之后，❶选择第 1 段素材；❷点击"切画中画"按钮，如图 10-30 所示。

步骤 6　把素材切换至第 2 条画中画轨道，点击"智能抠像"按钮，如图 10-31 所示，抠出人像。

步骤 7　在视频 3s 左右的位置点击"分割"按钮，分割第 2 条画中画轨道中的素材，如图 10-32 所示。

图 10-26　点击相应的按钮

图 10-27　点击"混合模式"按钮

图 10-28　选择"滤色"选项

图 10-29　点击"复制"按钮

图 10-30　点击"切画中画"
按钮

图 10-31　点击"智能抠像"
按钮

步骤 8　❶选择分割后的第 1 段素材；❷点击"蒙版"按钮，如图 10-33 所示。

步骤 9　❶选择"圆形"蒙版；❷向下拖曳 ❈ 按钮以羽化边缘，如图 10-34 所示。

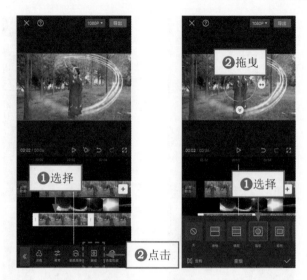

图 10-32　点击"分割"按钮　　图 10-33　点击"蒙版"按钮　　图 10-34　拖曳相应的按钮

10.3.2　使用关键帧制作动画效果

【效果展示】一个动画通常最少需要两个关键帧才能完成，在剪映 App 中使用关键帧就可以把照片制作成视频，效果如图 10-35 所示。

扫码看效果　扫码看视频

图 10-35　效果展示

下面介绍在剪映 App 中使用关键帧制作动画效果的具体操作方法。

步骤 1　在剪映 App 中导入照片素材，❶设置素材的时长为 12s；❷点击"比例"按钮，如图 10-36 所示。

步骤 2　选择"9∶16"选项，如图 10-37 所示。

图 10-36　点击"比例"按钮　图 10-37　选择"9∶16"选项

步骤 3　❶选择素材；❷在起始位置点击◇按钮，添加关键帧；❸调整画面的大小和位置，使画面最左侧位置为视频的起始位置，如图 10-38 所示。

步骤 4　❶拖曳时间轴至视频的末尾位置；❷调整素材的位置，使画面最右侧位置为视频的末尾位置，如图 10-39 所示。

步骤 5　添加合适的背景音乐，如图 10-40 所示。

图 10-38　调整画面的大小和位置　图 10-39　调整素材的位置　图 10-40　添加背景音乐

第11章

环绕运镜：让画面更有张力

🔍 **本章要点**

　　环绕运镜主要是指镜头围绕主体进行环绕拍摄，可以环绕半周（180°），也可以环绕一周（360°），当然，其他角度也可以。拍摄的主体可以是静止的，也可以是运动的。在环绕的过程中，镜头与主体之间的距离可以变动，而这样运动的画面会很有张力，可以突出主体，渲染气氛。

11.1　脚本设计

拍摄环绕运镜也需要进行脚本设计。表 11-1 所示为本章的环绕运镜脚本汇总。

表 11-1　环绕运镜脚本汇总

镜　号	镜　头	画　面	设　备	时　长
环绕运镜 1	半环绕	人物靠在围栏边，镜头围绕人物从右至左环绕拍摄	手机＋稳定器	12s
环绕运镜 2	近景环绕	人物站立，镜头拍摄人物上半身，并且环绕拍摄	手机＋稳定器	5s
环绕运镜 3	全环绕	人物站在草地上，镜头环绕人物一周左右进行拍摄	手机＋稳定器	26s
环绕运镜 4	运动环绕＋上移	人物前行，镜头低角度拍摄人物右侧，并跟随人物前行，镜头环绕到人物左侧，并慢慢上移，从拍摄人物腿部到拍摄人物上半身	手机＋稳定器	9s

11.2　运镜实战

　　环绕运镜是专业运镜师必备的技能。拍摄者一边围绕主体旋转，一边拍摄视频，这是一种强调主体存在感的有效运镜方式。

　　由于拍摄者进行环绕拍摄时运动的范围变大了，因此要求拍摄者的运动步伐更加平稳。为了解决运镜的不平稳问题，稳定器的模式最好选择"云台跟随"模式，让稳定器能自动跟随人物，减轻抖动。

　　当然，后期使用剪映 App 的防抖功能也可以让视频更加平稳。

11.2.1　环绕运镜 1：半环绕

　　【效果展示】半环绕是指人物位置不变，拍摄者围绕人物从右至左环绕拍摄（环绕半周左右）。半环绕画面如图 11-1 所示。

图 11-1　半环绕画面

【教学视频】教学视频画面如图 11-2 所示。

扫码看效果

扫码看视频

图 11-2　教学视频画面

下面对拍摄的脚本和分镜头进行解说。

步骤 1　人物靠在围栏边，镜头从右侧拍摄人物侧面，如图 11-3 所示。

图 11-3　镜头从右侧拍摄人物侧面

步骤 2　镜头从右至左环绕拍摄，保持全景景别，如图 11-4 所示。

图 11-4　镜头从右至左环绕拍摄

步骤 3　镜头继续环绕拍摄，并绕到人物的另一侧，如图 11-5 所示。

图 11-5　镜头继续环绕拍摄

步骤 4　镜头向左运动到围栏边，几乎对人物进行了 180°的环绕拍摄，并且始终保持人物处于画面中心的位置，如图 11-6 所示。

图 11-6　镜头向左运动到围栏边

11.2.2 环绕运镜 2：近景环绕

【效果展示】近景环绕主要是指景别都是近景，镜头围绕人物进行环绕拍摄，多角度、多方位地展示人物。近景环绕画面如图 11-7 所示。

图 11-7　近景环绕画面

【教学视频】教学视频画面如图 11-8 所示。

扫码看效果

扫码看视频

图 11-8　教学视频画面

下面对拍摄的脚本和分镜头进行解说。

步骤 1　镜头拍摄人物正面，并将景别控制在近景范围内，如图 11-9 所示。

图 11-9　镜头拍摄人物正面

步骤 2　镜头开始向左环绕拍摄，人物位置不变，如图 11-10 所示。

图 11-10　镜头开始向左环绕拍摄

步骤 3　镜头继续向左环绕拍摄，并绕到人物的斜侧面，如图 11-11 所示。

图 11-11　镜头继续向左环绕拍摄

步骤 4　镜头继续向左环绕拍摄，最后绕到人物背面，在动态环绕拍摄的过程中展示人物的神态并表达人物的情绪，如图 11-12 所示。

图 11-12　镜头继续向左环绕到人物背面

11.2.3　环绕运镜 3：全环绕

【**效果展示**】全环绕是指镜头围绕人物进行一周左右的环绕拍摄，环绕拍摄得更全面。全环绕画面如图 11-13 所示。

图 11-13　全环绕画面

【**教学视频**】教学视频画面如图 11-14 所示。

扫码看效果

扫码看视频

图 11-14　教学视频画面

下面对拍摄的脚本和分镜头进行解说。

步骤 1 镜头从人物的斜侧面拍摄人物全身，如图 11-15 所示。

图 11-15　镜头从人物的斜侧面拍摄人物全身

步骤 2 镜头开始从右至左环绕拍摄，并绕到人物左侧，如图 11-16 所示。

图 11-16　镜头环绕到人物左侧

步骤 3 镜头继续环绕拍摄，并绕到人物正面，如图 11-17 所示。

图 11-17　镜头环绕到人物正面

步骤 4 镜头最后环绕到人物右侧，此时镜头进行了一周左右的环绕拍摄，并且始终围绕人物拍摄，画面张力十足，如图 11-18 所示。

图 11-18　镜头最后环绕到人物右侧

11.2.4　环绕运镜4：运动环绕＋上移

【效果展示】"运动环绕＋上移"是指镜头跟随人物运动，并从右至左环绕拍摄，同时在环绕拍摄的过程中进行上移拍摄。"运动环绕＋上移"画面如图11-19所示。

图11-19　"运动环绕＋上移"画面

【教学视频】教学视频画面如图11-20所示。

扫码看效果

扫码看视频

图11-20　教学视频画面

下面对拍摄的脚本和分镜头进行解说。

步骤 1 人物前行，镜头低角度拍摄人物右侧，如图 11-21 所示。

图 11-21　镜头低角度拍摄人物右侧

步骤 2 人物继续前行，镜头环绕到人物背面并上移，如图 11-22 所示。

图 11-22　镜头环绕到人物背面并上移

步骤 3 镜头继续环绕并上移，拍摄人物斜侧面，如图 11-23 所示。

图 11-23　镜头继续环绕并上移

步骤 4 镜头环绕并上移到人物正侧面，拍摄人物近景，画面不仅富有张力，而且
具有流动感，可全方位地展现人物，如图 11-24 所示。

图 11-24　镜头环绕并上移到人物正侧面

11.3 后期实战：剪映剪辑

本节主要向大家介绍：一、如何使用定格功能定格画面，制作开场介绍；二、如何使用变声功能更换音色，比如把女生声音变成男生声音。

11.3.1 使用定格功能定格画面

【效果展示】使用定格功能可以定格视频中的某一帧画面，并且有 3s 左右的时长。通过定格开场画面，用户可以制作开场介绍，效果如图 11-25 所示。

扫码看效果　　扫码看视频

图 11-25　效果展示

下面介绍在剪映 App 中使用定格功能定格画面的具体操作方法。

步骤 1　在剪映 App 中导入视频素材，❶选择视频素材；❷点击"定格"按钮，如图 11-26 所示。

步骤 2　定格视频的第 1 帧画面，依次点击"文字"按钮和"新建文本"按钮，如图 11-27 所示。

步骤 3　❶输入文字内容；❷选择合适的字体，如图 11-28 所示。

步骤 4　❶切换至"样式"选项卡；❷展开"排列"选项区；❸设置"字间距"参数为 5，增加文字间隔，如图 11-29 所示。

步骤 5　❶展开"背景"选项区；❷选择浅粉色的背景样式，如图 11-30 所示。

步骤 6　❶切换至"花字"选项卡；❷在"热门"选项区中选择一款花字样式，如图 11-31 所示。

> ▶ 特别提醒
>
> 　　在"花字"选项卡中选择并长按所选的花字样式，就可以收藏该花字样式，同时该花字样式的右上角会出现点亮的星星图标⭐；反之，长按被收藏的花字样式可以取消收藏该花字样式。

图 11-26　点击"定格"按钮

图 11-27　点击"新建文本"按钮

图 11-28　选择合适的字体

图 11-29　设置"字间距"参数

图 11-30　选择背景样式

图 11-31　选择花字样式

步骤 7　❶切换至"动画"选项卡；❷选择"逐字显影"入场动画；❸设置动画时长为 1.0s，如图 11-32 所示。

步骤 8　返回上一级界面，点击"文本朗读"按钮，如图 11-33 所示。

167

图 11-32　设置动画时长

图 11-33　点击"文本朗读"按钮

步骤 9　❶在"女声音色"选项卡中选择"小姐姐"选项；❷点击 ✓ 按钮，如图 11-34 所示，生成音频素材。

步骤 10　调整文字和定格素材的时长，设置其时长为 1.7s，如图 11-35 所示。

图 11-34　点击相应的按钮

图 11-35　调整文字和定格素材的时长

11.3.2　使用变声功能更换音色

【效果展示】在剪映 App 中，如果不想原声出镜，可以使用变声功能更换音色，比如把女生的声音变成男生的声音，画面效果如图 11-36 所示。

扫码看效果　扫码看视频

图 11-36　画面效果展示

下面介绍在剪映 App 中使用变声功能更换音色的具体操作方法。

步骤 1　导入视频素材，❶选择视频素材；❷点击"变声"按钮，如图 11-37 所示。

步骤 2　❶在"基础"选项卡中选择"男生"选项；❷设置"音色"参数为 70，让变声效果更明显，如图 11-38 所示。

图 11-37　点击"变声"按钮　　　　图 11-38　设置"音色"参数

第 12 章

特殊运镜：让视频有故事感

本章要点

特殊运镜包括现在比较流行的盗梦空间、无缝转场及希区柯克变焦等运镜方式。在中长视频中运用这些运镜方式，会让视频画面更加丰富；在短视频中运用这些运镜方式，会给观众带来别样的视觉感受，甚至可以让该视频迅速成为热门视频。

12.1　脚本设计

拍摄特殊运镜也需要进行脚本设计。表 12-1 所示为本章的特殊运镜脚本汇总。

表 12-1　特殊运镜脚本汇总

镜　号	镜　头	画　面	设　备	时　长
特殊运镜 1	盗梦空间	人物前行，镜头进行旋转跟随拍摄	手机＋稳定器	7s
特殊运镜 2	无缝转场	视频由两段视频组成 第 1 段视频，镜头斜线前推 第 2 段视频，镜头斜线后拉	手机＋稳定器	9s
特殊运镜 3	希区柯克变焦	在"动态变焦"模式下，人物位置不变，镜头进行后拉	手机＋稳定器	18s
特殊运镜 4	侧面跟拍＋侧面固定镜头	视频由两段视频组成 第 1 段视频，人物前行，镜头跟随拍摄人物上半身侧面 第 2 段视频，固定镜头拍摄人物侧面全景，人物从中间走出画面	手机＋稳定器	7s

12.2　运镜实战

在进行拍摄的时候，拍摄者需要了解和掌握稳定器的模式，因为不同的镜头需要不同的模式。本书采用的稳定器是大疆 OM 4 SE，该稳定器支持拍摄的 App 是 DJI Mimo。DJI Mimo App 的"云台"界面中有 4 种模式，分别是云台跟随、俯仰锁定、FPV（First Person View，第一人称主视角）和旋转拍摄。

12.2.1　特殊运镜 1：盗梦空间

【效果展示】盗梦空间是指镜头进行旋转跟随拍摄，并且在镜头旋转的时候，给人带来晕眩感，这也是电影《盗梦空间》中常见的镜头。盗梦空间画面如图 12-1 所示。

图 12-1　盗梦空间画面

【教学视频】教学视频画面如图 12-2 所示。

扫码看效果

扫码看视频

图 12-2　教学视频画面

下面对拍摄的脚本和分镜头进行解说。

步骤 1 稳定器开启"旋转拍摄"模式，倒置镜头拍摄人物，如图 12-3 所示。

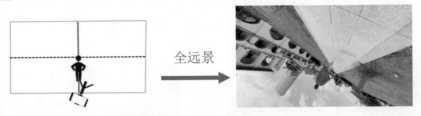

全远景

图 12-3 倒置镜头拍摄人物

步骤 2 拍摄者长按方向键进行旋转跟随拍摄，如图 12-4 所示。

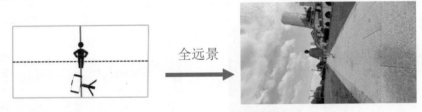

全远景

图 12-4 拍摄者进行旋转跟随拍摄

步骤 3 拍摄者继续长按同一个方向键进行旋转跟随拍摄，如图 12-5 所示。

全远景

图 12-5 拍摄者继续进行旋转跟随拍摄

步骤 4 人物前行到一定的距离，镜头也旋转了 180°左右，并跟随到一定的距离，展示人物所处的场景，如图 12-6 所示。

全远景

图 12-6 镜头旋转跟随到一定的距离

12.2.2 特殊运镜 2：无缝转场

【效果展示】无缝转场镜头由两段视频构成，分别是镜头斜线前推和镜头斜线后拉，并在后期通过曲线变速制作转场，让视频场景无缝切换。无缝转场画面如图 12-7 所示。

图 12-7 无缝转场画面

【教学视频】教学视频画面如图 12-8 所示。

扫码看效果

扫码看视频

图 12-8 教学视频画面

下面对拍摄的脚本和分镜头进行解说。

步骤 1 人物背对镜头，镜头从人物斜侧面拍摄人物全景，如图 12-9 所示。

图 12-9　镜头从人物斜侧面拍摄人物全景

步骤 2 人物位置不变，镜头斜线前推，直到贴近衣服，如图 12-10 所示。

图 12-10　镜头斜线前推

步骤 3 转换场景，镜头从贴近衣服处进行斜线后拉，如图 12-11 所示。

图 12-11　镜头从贴近衣服处进行斜线后拉

步骤 4 镜头继续斜线后拉一段距离，展示人物和人物周围的环境，实现无缝转场、切换场景的效果，如图 12-12 所示。

图 12-12　镜头继续斜线后拉一段距离

12.2.3　特殊运镜 3：希区柯克变焦

【效果展示】希区柯克变焦主要是指人物位置不变，镜头进行后拉，背景进行变焦，从而营造出一种空间压缩感。本次运镜展示了稳定器在选择"背景靠近"选项下，镜头渐渐远离人物，也就是后拉一段距离的效果。希区柯克变焦画面如图 12-13 所示。

图 12-13　希区柯克变焦画面

【教学视频】教学视频画面如图 12-14 所示。

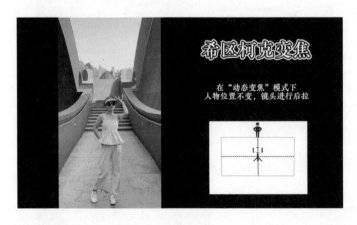

扫码看效果

扫码看视频

图 12-14　教学视频画面

下面将为大家介绍如何使用稳定器来拍摄希区柯克变焦的镜头。

步骤 1　在 DJI Mimo App 中的拍摄模式下，❶切换至"动态变焦"模式；❷默认选择"背景靠近"选项，并点击"完成"按钮，如图 12-15 所示。

步骤 2　❶框选人像；❷点击拍摄按钮，如图 12-16 所示。注意，在拍摄时，人物位置不变，镜头后拉一段距离，慢慢远离人物。

图 12-15　点击"完成"按钮

图 12-16　点击拍摄按钮

步骤 3　拍摄完成后，弹出合成提示界面，如图 12-17 所示，显示合成进度。

步骤 4　合成完成后，即可在相册中查看拍摄的视频，如图 12-18 所示。

图 12-17　弹出合成提示界面

图 12-18　查看拍摄的视频

12.2.4　特殊运镜 4：侧面跟拍＋侧面固定镜头

【效果展示】"侧面跟拍＋侧面固定镜头"是由两段侧面视频组成的镜头，第 1 段视频是镜头跟随拍摄人物上半身侧面，第 2 段视频是固定镜头拍摄人物侧面全景。"侧面跟拍＋侧面固定镜头"画面如图 12-19 所示。

图 12-19　"侧面跟拍＋侧面固定镜头"画面

【教学视频】教学视频画面如图 12-20 所示。

扫码看效果

扫码看视频

图 12-20　教学视频画面

下面对拍摄的脚本和分镜头进行解说。

步骤 1　人物前行，镜头拍摄人物上半身侧面，如图 12-21 所示。

中近景

图 12-21　镜头拍摄人物上半身侧面

步骤 2　人物前行，镜头跟随人物前行一段距离，如图 12-22 所示。

中近景

图 12-22　镜头跟随人物前行一段距离

步骤 3　固定镜头拍摄人物侧面全景，人物从画面中间出发，如图 12-23 所示。

全景

图 12-23　固定镜头拍摄人物侧面全景

步骤 4　人物渐渐走出画面，留下一段空镜头，这是一段动静结合的组合镜头，可以从侧面多景别地展示人物，如图 12-24 所示。

远景

图 12-24　人物走出画面，留下空镜头

12.3 后期实战：剪映剪辑

本节主要向大家介绍：一、如何运用文字模板制作字幕，由于剪映 App 中的文字模板样式多样、类型丰富，只要用户选择合适的样式就能一键套用，制作出心仪的文字效果；二、如何录制后期音频解说视频，不仅可以展现原声，还可以调整原声的音量。

12.3.1 运用文字模板制作字幕

【效果展示】先使用识别歌词功能提取歌词文字，再套用文字模板中的样式，就能制作字幕，让视频画面更加丰富，效果如图 12-25 所示。

扫码看效果　　扫码看视频

图 12-25　效果展示

下面介绍在剪映 App 中运用文字模板制作字幕的具体操作方法。

步骤 1　在剪映 App 中导入视频素材，点击"文字"按钮，如图 12-26 所示。

步骤 2　在弹出的工具栏中点击"识别歌词"按钮，如图 12-27 所示。

步骤 3　在弹出的面板中点击"开始匹配"按钮，如图 12-28 所示。

步骤 4　在视频下方生成两段歌词文字，❶选择歌词文字；❷点击"批量编辑"按钮，如图 12-29 所示。

步骤 5　选择第 1 段歌词文字，并点击该段文字，如图 12-30 所示。

步骤 6　❶切换至"文字模板"选项卡；❷展开"字幕"选项区；❸选择一款字幕样式，如图 12-31 所示。对第 2 段歌词文字也设置同样的文字模板样式，即可生成相应的字幕效果。

▶ 特别提醒

　　直接在"文字"工具栏中点击"文字模板"按钮，也可以进入"文字模板"选项卡。

图 12-26　点击"文字"按钮

图 12-27　点击"识别歌词"
按钮

图 12-28　点击"开始匹配"
按钮

图 12-29　点击"批量编辑"按钮

图 12-30　点击第 1 段歌词文字

图 12-31　选择字幕样式

12.3.2 录制后期音频解说视频

【效果展示】在前期拍摄视频时，可能因为收声效果不好而没有原声，用户在后期通过录制声音，就能为视频添加音频解说，画面效果如图 12-32 所示。

扫码看效果　扫码看视频

图 12-32　画面效果展示

下面介绍在剪映 App 中录制后期音频解说视频的具体操作方法。

步骤 1　在剪映 App 中导入视频素材，点击"音频"按钮，如图 12-33 所示。

步骤 2　在弹出的工具栏中点击"录音"按钮，如图 12-34 所示。

图 12-33　点击"音频"按钮　　图 12-34　点击"录音"按钮

步骤 3　长按 🎤 按钮进行音频录制操作，如图 12-35 所示。

步骤 4 录制完成后，松开 🎤 按钮，并点击 ✓ 按钮进行确认操作，如图 12-36 所示。

图 12-35 长按相应的按钮

图 12-36 点击相应的按钮

步骤 5 ❶选择音频素材；❷点击"音量"按钮，如图 12-37 所示。

步骤 6 设置"音量"参数为 1000，让原声音量高于背景音乐，如图 12-38 所示。

图 12-37 点击"音量"按钮

图 12-38 设置"音量"参数

第13章

组合运镜：轻松拍出大片感

本章要点

　　组合运镜采用多种运镜方式，比如"跟镜头＋拉镜头"或"推镜头＋降镜头"，甚至采用3种以上的运镜方式。使用各种组合运镜方式拍摄视频，可以为视频增加亮点，让视频轻松实现大片感，吸引观众眼球，从而让视频获得更多的关注和流量。

13.1　脚本设计

拍摄组合运镜也需要进行脚本设计。表 13-1 所示为本章的组合运镜脚本汇总。

表 13-1　组合运镜脚本汇总

镜　号	镜　头	画　面	设　备	时　长
组合运镜 1	跟镜头＋斜角后拉	人物前行，镜头在人物斜侧面跟随，并进行后拉拍摄	手机＋稳定器	7s
组合运镜 2	旋转回正＋过肩后拉	镜头倾斜和旋转一定的角度，在回正的过程中进行过肩后拉拍摄	手机＋稳定器	7s
组合运镜 3	全景前推＋近景下降	人物在远处朝着镜头方向走来，镜头进行前推拍摄，与人物相遇后，人物停止前行，镜头缓慢下降拍摄人物	手机＋稳定器	9s
组合运镜 4	高角度俯拍＋前侧跟随	镜头进行高角度俯拍，在人物前行时，镜头从人物正面跟随拍摄，也就是前侧跟随拍摄	手机＋稳定器	9s

13.2　运镜实战

组合运镜通常将多个镜头组合在一段视频中，因此要求拍摄者提前选好拍摄地点，规划好镜头和人物的运动轨迹，才能一气呵成地完成视频的拍摄。

尤其是对于初学者来说，在拍摄视频时，应当保持手的平稳性，不能随意抖动，还需要降低身体重心，匀速进行呼吸和脚步的移动，保证设备在稳定的过程中进行拍摄，而且脚步的移动频率最好和人物保持一致，这样才能拍出同步画面。

13.2.1　组合运镜 1：跟镜头＋斜角后拉

【效果展示】"跟镜头＋斜角后拉"主要是指将跟镜头和斜角后拉镜头组合在一起，也就是镜头在跟随的过程中进行斜角后拉拍摄。"跟镜头＋斜角后拉"画面如图 13-1 所示。

图 13-1 "跟镜头＋斜角后拉"画面

【教学视频】教学视频画面如图 13-2 所示。

扫码看效果

扫码看视频

图 13-2 教学视频画面

下面对拍摄的脚本和分镜头进行解说。

步骤 1 镜头从人物斜侧面拍摄人物全景，如图 13-3 所示。

图 13-3　镜头从人物斜侧面拍摄人物全景

步骤 2 人物前行，镜头从斜侧面进行后拉拍摄，如图 13-4 所示。

图 13-4　镜头从斜侧面进行后拉拍摄

步骤 3 人物继续前行，镜头继续从斜侧面进行后拉拍摄，如图 13-5 所示。

图 13-5　镜头继续从斜侧面进行后拉拍摄

步骤 4 人物前行到一定的距离，镜头也后拉到了一定的距离，画面中的人物越来越小，环境越来越多，展示出人物所处的环境，如图 13-6 所示。

图 13-6　镜头后拉到一定的距离

13.2.2　组合运镜 2：旋转回正＋过肩后拉

【效果展示】"旋转回正＋过肩后拉"是指镜头先倾斜和旋转一定的角度，然后在回正的过程中进行过肩后拉拍摄。"旋转回正＋过肩后拉"画面如图 13-7 所示。

图 13-7　"旋转回正＋过肩后拉"画面

【教学视频】教学视频画面如图 13-8 所示。

扫码看效果

扫码看视频

图 13-8　教学视频画面

下面对拍摄的脚本和分镜头进行解说。

步骤 1 人物背对拍摄者，镜头倾斜和旋转一定的角度，拍摄前方的风景，如图 13-9 所示。

远景

图 13-9 镜头倾斜和旋转一定的角度

步骤 2 镜头逆时针旋转回正到一定的角度，同时在人物前行的时候进行过肩拍摄，如图 13-10 所示。

近景

图 13-10 镜头逆时针旋转回正到一定的角度

步骤 3 镜头回正到水平角度后，从人物背面进行后拉拍摄，如图 13-11 所示。

中景

图 13-11 镜头回正后进行后拉拍摄

步骤 4 人物继续前行，镜头后拉一段距离，展示人物所处的环境，如图 13-12 所示。

全远景

图 13-12 镜头后拉一段距离

13.2.3 组合运镜 3：全景前推＋近景下降

【效果展示】"全景前推＋近景下降"是指镜头在拍摄全景时进行前推，并在前推到拍摄人物近景时进行下降。"全景前推＋近景下降"画面如图 13-13 所示。

图 13-13 "全景前推＋近景下降"画面

【教学视频】教学视频画面如图 13-14 所示。

扫码看效果

扫码看视频

图 13-14 教学视频画面

下面对拍摄的脚本和分镜头进行解说。

步骤 1 镜头与人物保持一定的距离，拍摄人物正面，如图 13-15 所示。

全远景

图 13-15 镜头在远处拍摄人物正面

步骤 2 人物前行，镜头进行前推拍摄，如图 13-16 所示。

全景

图 13-16 镜头进行前推拍摄

步骤 3 镜头前推到拍摄人物近景时，人物停止前行，如图 13-17 所示。

近景

图 13-17 镜头前推到拍摄人物近景

步骤 4 在人物转头的时候，镜头缓慢下降拍摄人物，如图 13-18 所示。

中近景

图 13-18 镜头缓慢下降拍摄人物

13.2.4 组合运镜 4：高角度俯拍＋前侧跟随

【效果展示】"高角度俯拍＋前侧跟随"是指镜头进行高角度俯拍，并保持这个角度，在人物前侧跟随。"高角度俯拍＋前侧跟随"画面如图 13-19 所示。

图 13-19 "高角度俯拍＋前侧跟随"镜头画面

【教学视频】教学视频画面如图 13-20 所示。

扫码看效果

扫码看视频

图 13-20 教学视频画面

下面对拍摄的脚本和分镜头进行解说。

步骤 1 　镜头高角度俯拍人物正侧面全景，如图 13-21 所示。

图 13-21　镜头高角度俯拍人物正侧面全景

步骤 2 　人物前行，镜头从人物前侧跟随拍摄，如图 13-22 所示。

图 13-22　镜头从人物前侧跟随拍摄

步骤 3 　镜头保持高角度俯拍并跟随人物一段距离，如图 13-23 所示。

图 13-23　镜头保持高角度俯拍并跟随人物一段距离

13.3　后期实战：剪映剪辑

本节主要向大家介绍：一、如何用不透明度制作转场，让画面切换无痕、顺畅；二、如何为视频添加场景音效，让视频更加有声有色。

13.3.1　用不透明度制作转场

【效果展示】为视频的"不透明度"添加关键帧，可以让"不透明度"参数缓慢变化，实现从无到有的效果，从而制作无缝转场，如图 13-24 所示。

扫码看效果　扫码看视频

图 13-24　效果展示

下面介绍在剪映 App 中用不透明度制作转场的具体操作方法。

步骤 1　在剪映 App 中导入第 1 段视频素材，在视频 3s 左右的位置依次点击"画中画"按钮和"新增画中画"按钮，如图 13-25 所示。

步骤 2　❶选择第 2 段视频素材；❷点击"添加"按钮，如图 13-26 所示。

步骤 3　❶调整素材的画面大小；❷在第 2 段视频的起始位置点击◇按钮，添加关键帧；❸点击"不透明度"按钮，如图 13-27 所示。

图 13-25　点击"新增画中画"　　图 13-26　点击"添加"按钮　　图 13-27　点击"不透明度"
　　　　　按钮　　　　　　　　　　　　　　　　　　　　　　　　　　　　　按钮

步骤 4　设置"不透明度"参数为 0，如图 13-28 所示。

步骤 5　❶拖曳时间轴至第 1 段视频的末尾位置；❷设置"不透明度"参数为100，如图 13-29 所示，让第 2 段视频慢慢显现，制作无缝转场。

步骤 6　为视频添加合适的背景音乐，如图 13-30 所示。

图 13-28　设置"不透明度"　　图 13-29　设置"不透明度"　　图 13-30　添加背景音乐
　　　　　参数（1）　　　　　　　　　　参数（2）

13.3.2　为视频添加场景音效

【效果展示】为视频添加场景音效，可以让视频更加真实，比如为视频添加鸟叫声的音效，可以营造出自然的清晨森林氛围，画面效果如图 13-31 所示。

扫码看效果　　扫码看视频

图 13-31　画面效果展示

下面介绍在剪映 App 中为视频添加场景音效的具体操作方法。

步骤 1 在剪映 App 中导入视频素材，点击"音频"按钮，如图 13-32 所示。

步骤 2 在弹出的工具栏中点击"音效"按钮，如图 13-33 所示。

195

图 13-32 点击"音频"按钮　　　　图 13-33 点击"音效"按钮

步骤 3 ❶切换至"动物"选项卡；❷点击"夏季鸟类叽叽喳喳叫"音效右侧的"使用"按钮，添加音效，如图 13-34 所示。

步骤 4 在视频的末尾位置点击"分割"按钮，分割音效素材，如图 13-35 所示。

步骤 5 ❶选择第 2 段音效素材；❷点击"删除"按钮，如图 13-36 所示。

图 13-34 点击"使用"按钮　　图 13-35 点击"分割"按钮　　图 13-36 点击"删除"按钮

本章要点

结束镜头在视频中起着宣告故事结束的作用。大部分常见的结束镜头都是以人物远走的镜头为主的，或者留下一段空镜头作为结束镜头，而这种空镜头往往来源于长镜头。总之，在结束镜头中，最后一帧的画面往往都是人物的背影，因为用背影来宣告故事的结束是最直接，也是最简单的方法。

14.1 脚本设计

拍摄结束镜头也需要进行脚本设计。表 14-1 所示为本章的结束镜头脚本汇总。

表 14-1　结束镜头脚本汇总

镜　号	镜　头	画　面	设　备	时　长
结束镜头 1	下降式斜线后拉	人物前行，镜头从人物背面的斜侧方进行下降和后拉拍摄	手机＋稳定器	9s
结束镜头 2	固定镜头连接摇摄	视频由两段视频组成 第 1 段视频，固定镜头拍摄人物侧面，生成人物走路的视频 第 2 段视频，镜头在固定位置摇摄人物侧面，并跟摇拍摄人物走路的视频，人物始终处于画面中心的位置	手机＋稳定器	16s
结束镜头 3	反向跟随＋环绕后拉	人物前行，镜头从人物正面跟随人物一段距离，然后环绕到人物背面，并后拉一段距离，展示人物背影	手机＋稳定器	13s
结束镜头 4	正面跟拍＋摇摄＋背面跟拍	人物前行，镜头拍摄人物上半身的正面，跟拍一段距离后，摇摄至人物背面进行跟拍	手机＋稳定器	11s

14.2 运镜实战

运镜实战是最简单和直接的提升方法。在学习运镜的过程中，只有在多次实战中练习拍摄，才能快速提高运镜水平。只要找到合适的主体，拍摄者在室内和室外都可以进行拍摄。

14.2.1 结束镜头 1：下降式斜线后拉

【效果展示】下降式斜线后拉是指镜头从高处下降，且下降的轨迹是一条斜线，并后拉一段距离进行拍摄。下降式斜线后拉画面如图 14-1 所示。

图 14-1 下降式斜线后拉画面

【教学视频】教学视频画面如图 14-2 所示。

扫码看效果

扫码看视频

图 14-2 教学视频画面

下面对拍摄的脚本和分镜头进行解说。

步骤 1 镜头从人物背面拍摄人物上方的风景，如图 14-3 所示。

图 14-3 镜头拍摄人物上方的风景

步骤 2 人物前行，镜头从人物背面的斜侧方下降，如图 14-4 所示。

图 14-4 镜头从人物背面的斜侧方下降

步骤 3 人物继续前行，镜头在下降的过程中进行斜线后拉，如图 14-5 所示。

图 14-5 镜头在下降的过程中进行斜线后拉

步骤 4 人物渐渐走远，镜头也下降并后拉到接近地面的位置，这时就可以结束拍摄，传达人物走出画面的信息，如图 14-6 所示。

图 14-6 镜头下降并后拉到接近地面的位置

14.2.2　结束镜头 2：固定镜头连接摇摄

【效果展示】固定镜头连接摇摄是指一段固定镜头连接一段摇摄镜头，这样可以让视频内容、形式更加丰富和富有层次感。固定镜头连接摇摄画面如图 14-7 所示。

图 14-7　固定镜头连接摇摄画面

【教学视频】教学视频画面如图 14-8 所示。

扫码看效果

扫码看视频

图 14-8　教学视频画面

下面对拍摄的脚本和分镜头进行解说。

步骤 1 固定镜头拍摄人物侧面全景，人物从左侧进入画面，如图 14-9 所示。

图 14-9　固定镜头拍摄人物侧面全景

步骤 2 固定镜头拍摄人物走到画面右侧的视频，如图 14-10 所示。

图 14-10　人物走到画面右侧

步骤 3 镜头在固定位置摇摄人物侧面，让人物始终处于画面中心的位置，如图 14-11 所示。

图 14-11　镜头在固定位置摇摄人物侧面

步骤 4 在人物向右侧行走的时候，镜头在固定位置跟摇拍摄，人物渐渐走远，表示视频即将结束，如图 14-12 所示。

图 14-12　镜头在固定位置跟摇拍摄

14.2.3 结束镜头 3：反向跟随＋环绕后拉

【效果展示】"反向跟随＋环绕后拉"是指镜头在人物正面，反向跟随人物，然后环绕到人物身后，并后拉一段距离。"反向跟随＋环绕后拉"画面如图 14-13 所示。

图 14-13 "反向跟随＋环绕后拉"画面

【教学视频】教学视频画面如图 14-14 所示。

扫码看效果

扫码看视频

图 14-14 教学视频画面

下面对拍摄的脚本和分镜头进行解说。

步骤 1 镜头在人物的前方，拍摄人物正面，如图 14-15 所示。

图 14-15　镜头拍摄人物正面

步骤 2 人物前行，镜头反向跟随人物一段距离，如图 14-16 所示。

图 14-16　镜头反向跟随人物一段距离

步骤 3 镜头环绕到人物背面，如图 14-17 所示。

图 14-17　镜头环绕到人物背面

步骤 4 人物继续前行，镜头一边环绕一边后拉，离人物越来越远，表示视频即将结束，如图 14-18 所示。

图 14-18　镜头一边环绕一边后拉

14.2.4　结束镜头 4：正面跟拍＋摇摄＋背面跟拍

【效果展示】"正面跟拍＋摇摄＋背面跟拍"是指镜头从人物正面跟拍一段距离，然后摇摄至人物背面，并跟拍一段距离。"正面跟拍＋摇摄＋背面跟拍"画面如图 14-19 所示。

图 14-19　"正面跟拍＋摇摄＋背面跟拍"画面

【教学视频】教学视频画面如图 14-20 所示。

扫码看效果

扫码看视频

图 14-20　教学视频画面

下面对拍摄的脚本和分镜头进行解说。

步骤 1 镜头拍摄人物正面，如图 14-21 所示。

图 14-21　镜头拍摄人物正面

步骤 2 人物前行，镜头从人物正面跟拍一段距离，如图 14-22 所示。

图 14-22　镜头从人物正面跟拍一段距离

步骤 3 人物继续前行，镜头摇摄至人物侧面，如图 14-23 所示。

图 14-23　镜头摇摄至人物侧面

步骤 4 镜头继续摇摄至人物背面，并跟拍一段距离，传达人物远离的信息，如图 14-24 所示。

图 14-24　镜头摇摄至人物背面，并跟拍一段距离

14.3　后期实战：剪映剪辑

本节主要向大家介绍：一、如何添加片头 / 片尾素材，让视频有始有终；二、如何制作蒙版分身视频，让一个场景中同时出现两个"我"。

14.3.1　添加片头 / 片尾素材

【效果展示】剪映 App 素材库中的片头 / 片尾素材的类型多样，有些可以直接添加，有些则需要通过后期编辑加工来制作，效果如图 14-25 所示。

扫码看效果　扫码看视频

图 14-25　效果展示

下面介绍在剪映 App 中添加片头 / 片尾素材的具体操作方法。

步骤 1　在剪映 App 中导入视频素材，在视频的起始位置点击 + 按钮，如图 14-26 所示。

步骤 2　❶切换至"素材库"选项卡；❷展开"片头"选项区；❸选择片头素材；❹点击"添加"按钮，如图 14-27 所示，添加片头素材。

步骤 3　❶选择片头素材；❷点击"切画中画"按钮，如图 14-28 所示。

步骤 4　把片头素材切换至画中画轨道中后，点击"混合模式"按钮，如图 14-29 所示。

步骤 5　在弹出的面板中选择"正片叠底"选项，如图 14-30 所示。

步骤 6　❶拖曳时间轴至视频末尾位置；❷点击 + 按钮，如图 14-31 所示。

步骤 7　❶切换至"素材库"选项卡；❷展开"片尾"选项区；❸选择片尾素材；❹点击"添加"按钮，如图 14-32 所示，添加片尾素材。

步骤 8　❶选择视频素材；❷点击"音频分离"按钮，如图 14-33 所示，分离音频素材。

图 14-26　点击相应的按钮（1）

图 14-27　点击"添加"
按钮（1）

图 14-28　点击"切画中画"
按钮

图 14-29　点击"混合模式"
按钮

图 14-30　选择"正片叠底"
选项

图 14-31　点击相应的按钮（2）

步骤 9　选择音频素材并点击"淡化"按钮，设置"淡出时长"参数为 1s，如
图 14-34 所示，让音乐结束得更加自然。

图 14-32　点击"添加"
按钮（2）

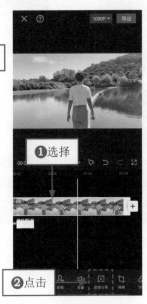

图 14-33　点击"音频分离"
按钮

图 14-34　设置"淡出时长"

14.3.2　制作蒙版分身视频

【效果展示】使用蒙版功能可以将两个视频合成一个
视频，也就是让两个视频中的人像同时出现在一个场景
中，实现分身的效果，如图 14-35 所示。

扫码看效果　　扫码看视频

图 14-35　效果展示

下面介绍在剪映 App 中制作蒙版分身视频的具体操作方法。

步骤 1　导入第 1 段视频素材，在视频的起始位置点击 + 按钮，如图 14-36 所示。

步骤 2 ❶选择第 2 段视频素材；❷点击"添加"按钮，如图 14-37 所示。

图 14-36　点击相应的按钮　　图 14-37　点击"添加"按钮

步骤 3 ❶选择此时的第 1 段视频素材；❷点击"切画中画"按钮，如图 14-38 所示。

步骤 4 把视频素材切换至画中画轨道中，点击"蒙版"按钮，如图 14-39 所示。

步骤 5 ❶选择"线性"蒙版；❷调整蒙版线的角度和位置，让视频合二为一，实现分身效果；❸拖曳 ✖ 按钮，调整羽化程度，让视频之间的过渡更自然，如图 14-40 所示。

图 14-38　点击"切画中画"按钮　图 14-39　点击"蒙版"按钮　图 14-40　拖曳相应的按钮

剪映功能知识点索引

反侵权盗版声明

电子工业出版社依法对本作品享有专有出版权。任何未经权利人书面许可，复制、销售或通过信息网络传播本作品的行为；歪曲、篡改、剽窃本作品的行为，均违反《中华人民共和国著作权法》，其行为人应承担相应的民事责任和行政责任，构成犯罪的，将被依法追究刑事责任。

为了维护市场秩序，保护权利人的合法权益，我社将依法查处和打击侵权盗版的单位和个人。欢迎社会各界人士积极举报侵权盗版行为，本社将奖励举报有功人员，并保证举报人的信息不被泄露。

举报电话：（010）88254396；（010）88258888

传　　真：（010）88254397

E-mail：　dbqq@phei.com.cn

通信地址：北京市万寿路 173 信箱

　　　　　电子工业出版社总编办公室

邮　　编：100036